时装画精品课

服装设计效果图速写与表现实用教程

QUALITY COURSE ON
FASHION
ILLUSTRATION

大鸽小少爷（时尚绘）著

人 民 邮 电 出 版 社
北 京

图书在版编目（CIP）数据

时装画精品课 : 服装设计效果图速写与表现实用教程 / 大鸽小少爷（时尚绘）著. -- 北京 : 人民邮电出版社，2018.12
ISBN 978-7-115-49343-9

Ⅰ. ①时… Ⅱ. ①大… Ⅲ. ①服装设计－速写技法－教材 Ⅳ. ①TS941.28

中国版本图书馆CIP数据核字(2018)第212560号

内 容 提 要

本书是一本关于速写的系统学习教程，详细地讲述了人物速写的训练方法，着重于时装画的人物形象的表达，在讲解纸面描绘技法的同时，更深层次地阐述了速写绘画的原理，从而让读者真正吸收并学以致用。

书中首先介绍了速写的概念和常用的练习工具；然后讲解了速写训练中需要掌握的关键要领，这也是实践的理论基础；最后将理论付诸实践，通过示范案例使读者从绘画过程中快速地学习和掌握速写的技法。

本书可作为服装设计院校师生的教材，也可作为插画、动漫及绘画爱好者的培训教材。

请记住，速写训练是让作品生动而富有魅力的有效手段！

◆ 著　　　大鸽小少爷（时尚绘）
责任编辑　杨　璐
责任印制　陈　犇
◆ 人民邮电出版社出版发行　　北京市丰台区成寿寺路 11 号
邮编　100164　　电子邮件　315@ptpress.com.cn
网址　http://www.ptpress.com.cn
北京盛通印刷股份有限公司印刷
◆ 开本：787×1092　1/16
印张：15.5
字数：403 千字　　　2018 年 12 月第 1 版
印数：1－3 000 册　　2018 年 12 月北京第 1 次印刷

定价：99.00 元

读者服务热线：(010)81055410　印装质量热线：(010)81055316
反盗版热线：(010)81055315
广告经营许可证：京东工商广登字 20170147 号

在平时的教学和与时装画手绘爱好者交流时，发现很多人在学习之后常常会觉得还是画不出自己满意的时装画效果。画面中的形体比例看起来没什么问题，衣服的表达也合理，可为什么还是不满意呢？好像总是缺了点什么，缺的那“点”到底是什么呢？

嗯！在我看来，缺的那“点”就是“味道”！

这里的“味道”其实是指画面不够有画味，少了点灵气，缺了些能感动人的东西。如果能够意识到这些，那么恭喜你再次提升啦！对作品有不满，才会希望改变。只有去发现问题，去努力找到解决的方法，才能去弥补画面效果中的遗憾。

在我看来，学习别人的绘画经验能够提高自我的技巧和审美，如去看各种类型的艺术展和文艺汇演。无论是画展、美展、设计展，还是音乐会、话剧和电影，都可以让我们从意识形态上获得收益。但如果想更好地提升手上描绘的功夫，光提高观念还不行，还要能画出来变成现实作品，这才是我们希望达到的效果。

诚然，从当前绘画艺术的学习形式来看，速写无疑有它得天独厚的优势，能够通过学习和练习达到我们想要的效果。

速写是一门绘画基础训练课，是提高绘画能力的一种练习手段。本书以时装画人物速写为范畴，表现人物穿着的状态，偏重于时尚与服装，具有不同于其他艺术形式的造型规律和表现特色。既然是作为一种绘画形式，自然也会讲究描绘的技巧，注重相应的画面效果，这些都是和时装画人物描绘具有共性的地方。注重加强敏锐的观察力和灵活的画面表现效果的练习，对于加强时装画的画面感有很大的影响。以速写这种形式来训练自己的画面表达效果，能够更快、更好地提升时装画的表现力。

在很多时候，时装画速写本身就是以一种时装画艺术的形式存在的，它自然亲和的画风很适合与观者一起分享时尚和美丽；同时速写又是设计师案头构思的好帮手，让设计的灵感快捷地获得记录和再现。

可以说，速写既是时装画的修行基础，又是时装画的应用体现。因此，速写能力是一种体现你画面精彩度的“表面功夫”，在这样的一个“表面功夫”却体现了个人绘画修养的“硬功”。

本书汇集了我从事设计和服装行业20年的感悟和体会，工作中也会利用闲暇的时间思考和实践关于造型与设计概念之间基础训练的意义。

艺术是美好的，服装是生活与艺术交流的使者，通过服装我们可以享受和感受到更多美好的生活。而绘画艺术能更好地服务和提升服装设计，并能够在商业流通中融合促进的概念，我感觉我们还有很大的提升空间。也就是说，艺术基础应用和服装设计专业的融合、原创与市场的关系等，都有很好的挖掘机会和发展空间。

个人思考颇浅，仅此抛砖引玉！亦希望本书既能帮助到有需要的爱好者，又能尽微薄之力推进原创文化的发展，借以分享交流。

2017年11月

CONTENTS

目录

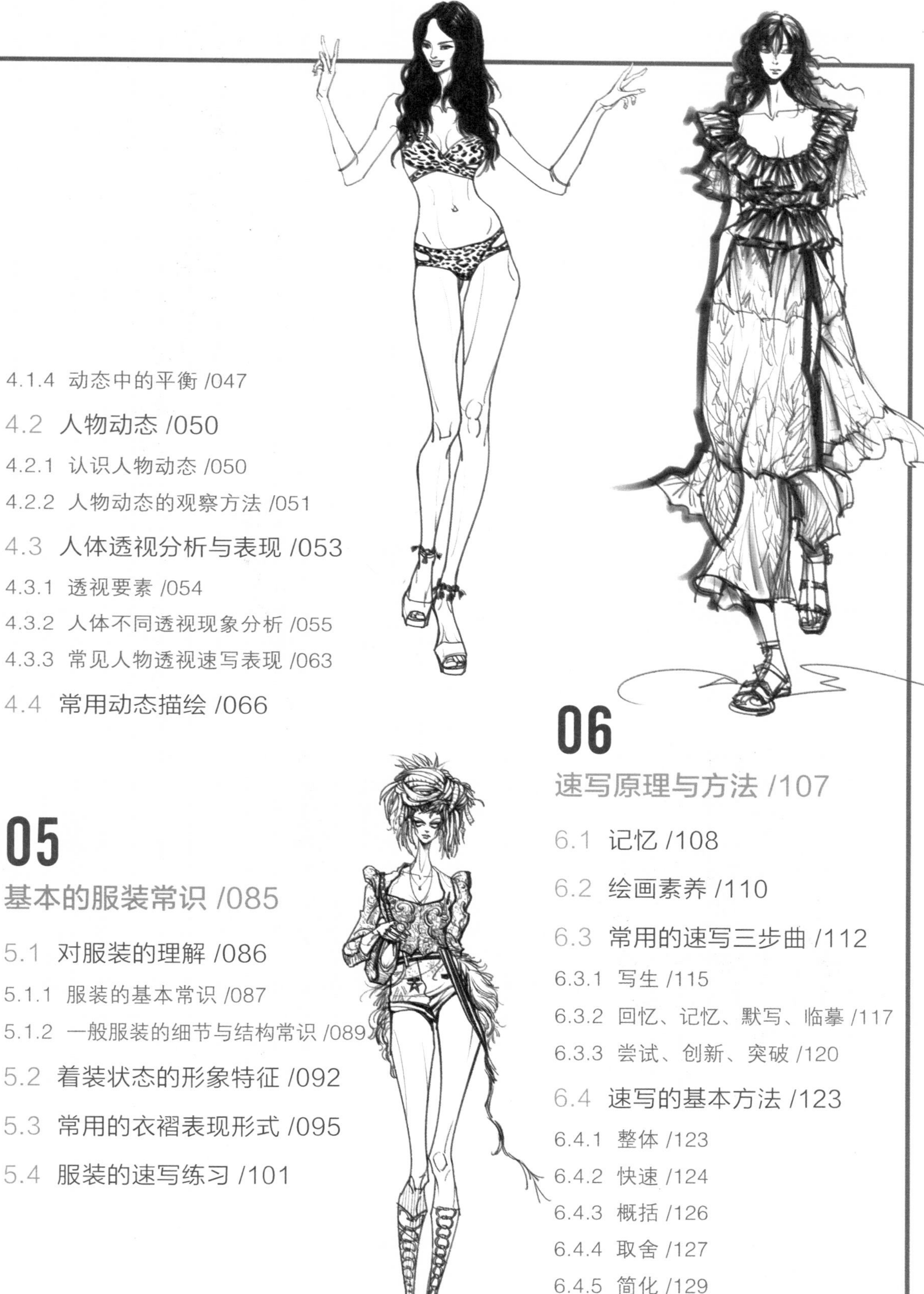

CONTENTS

01

FASHION SKETCH

速写概论

时装画速写，从绘画的角度来看是从属于速写的绘画形式，只是时装画速写更偏向于时尚、时装的人物描画形式。掌握和了解常规的速写绘画方法，同样对时装画速写训练有指导作用。

1.1 认识速写

1.1.1 速写概念

速写，从字面意思理解是一种快速的描画方式。最大的特点是快捷、迅速，表现生动而灵活的画面效果，用较短的时间将所看到的或是脑中的形象思维以完整或是碎片的形式记录下来。当然，它主要是以绘画的形式来加以记录。

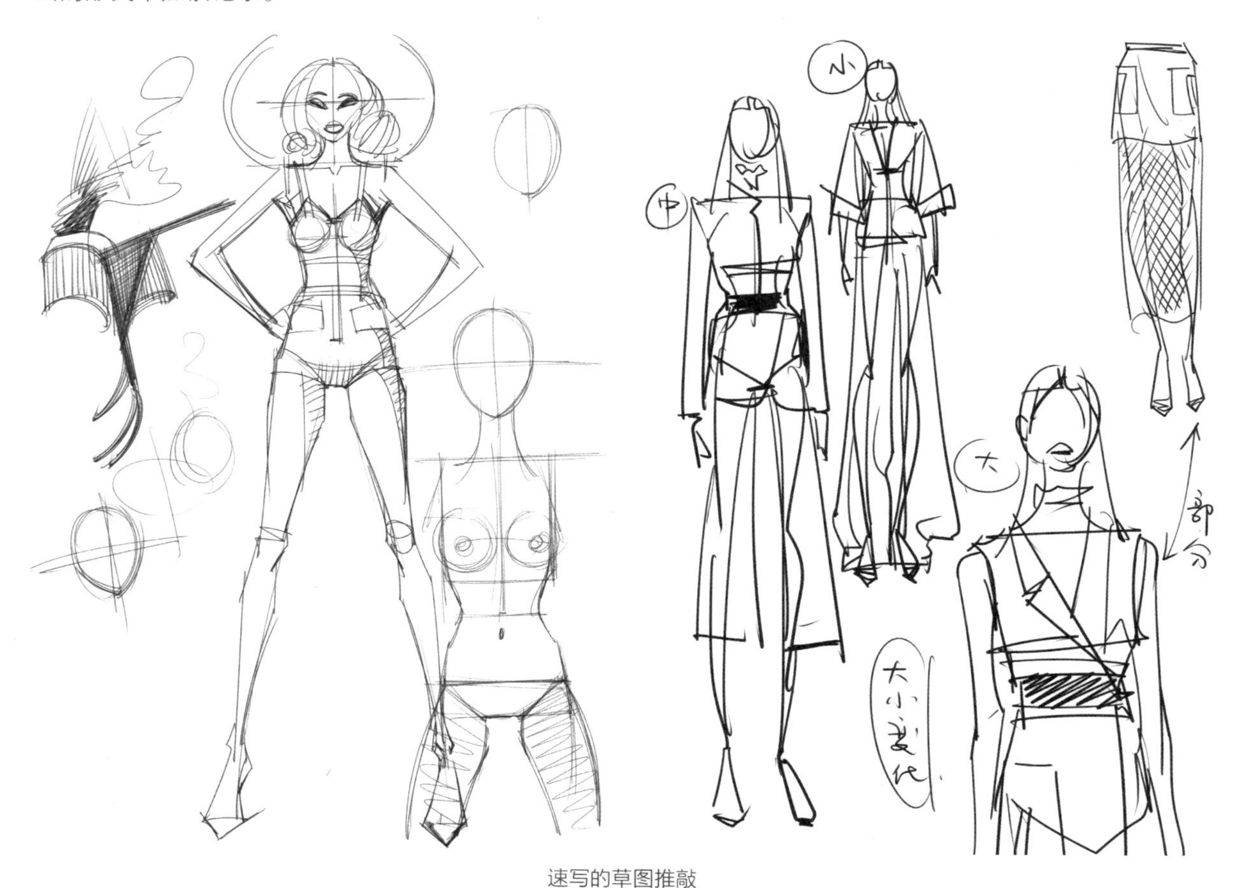

速写的草图推敲

1.1.2 速写分类

按用途可分为手稿速写和创作速写两大类。

◎ 手稿速写

记录、收集、分析、整理相关资料和概念的速写形式。如设计用的草图或者效果图，用于体现灵感分析、绘画构思等。

服装效果图

着装结构外形分析草图　　着装效果动态变化草图推敲

◎ 创作速写

速写本身就是一种艺术形式。许多插画家以速写作为自己的绘画语言，并形成自己的绘画风格。它的魅力在于能够迅速捕获形象、记录灵感，突出生动、轻松、形象的艺术效果！

法国自由插画家Damien Florebert Cuypers带有创作式的街头速写作品

插画家Astrid Vos的速写插画作品

插画家Astrid Vos的速写插画作品

插画家David Downton的速写插画作品

带有创作性质的速写描绘

根据使用工具：可以分为钢笔速写、铅笔速写、圆珠笔速写和毛笔速写等。

根据绘画效果：可以分为彩色铅笔绘画速写、水彩效果速写、马克笔色彩描绘速写和粉笔色彩速写等。

还有基于纸绘的传统型速写和现代数码技术的电绘速写等，本书不再一一列出。本书不以单一形式或绘画介质来示范，而是从速写的原理以及关键的描绘方法来加以阐述，读者可领会之后尝试用不同的介质进行体验（在第6章中涉及了使用不同工具进行速写表现的尝试练习）。

1.2 速写的意义和作用

速写具有研究性质的意义和专业的训练作用。

在智能手机普及的今天，说使用速写来记录所见所闻有点牵强，并且不切实际。但作为对观察对象的研究以及对于手绘能力的锻炼，速写的作用则是手机拍照所不能替代的。

作为形象描绘的训练方法，速写具有不可替代的作用。对于现场的描绘来说，需要绘者在短时间内通过观察来迅速捕捉对象的形态、动态及关键要素，眼、手、心（思想）同步协作完成对对象的速写描绘。

速写要做到“眼”“手”“心”同步

很多时候人物动态转瞬即逝，因此对于对象的描绘不可能做到面面俱到，反而要求画者应有所取舍，抓大放小或是直奔主题进行“抓画”描绘。在速写表现的时候，若不同的画者观察描绘同一个对象，每个人所表现的重点是不一样的，因此绘出的效果也是丰富多彩的。训练有素的绘者可以做到“画有所想，画有所得”。

大鸽现场速写2017年广州国际动漫展COSER的瞬间形态

1.3 时装画速写

时装画速写，顾名思义是针对时装、偏重服饰时尚的速写描绘形式。在现代，不同于智能手机拍照记录，手绘速写更像是自己的个性创作。当然，这样的创作如果是用于发布的话，通常会以新形式、新载体进行发布。对于服装设计师来说，时装画速写更多的是用于对服装设计灵感和概念的记录。这样的速写，更多的时候有点像自己的“私密日记”，是自己感受的记录，一般不对外展示。因此在画的时候是非常自由的，在对观察描绘对象的“忠实”理解下，还可以进行添加、删除、省略和夸张等，由此可见时装画速写同时又是具有创造力和提高时装画手绘表现力的最佳训练手段之一。

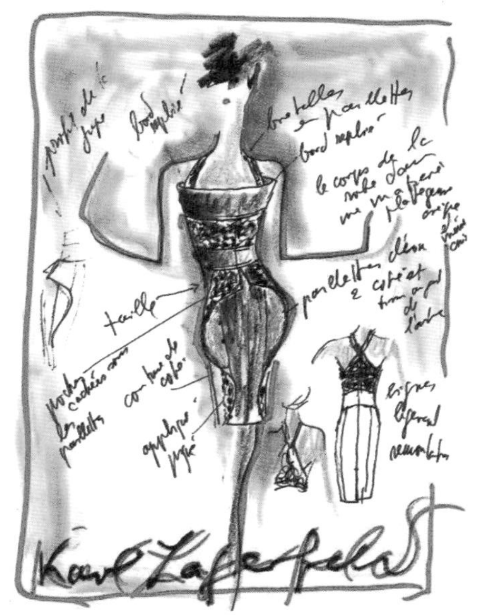

设计大师卡尔·拉格菲尔德的概念速写笔记

既然时装画速写偏重时尚服饰，就注定了它会与其他速写形式有所不同。最大的不同点在于它更多地关注服装、关注时尚方面的范畴，多以人为主体，以服装和服饰品为主要描绘对象的速写形式。换一个角度来说，时装画速写就是时尚速写，表现的是当下服饰文化的时尚流行趋势。设计师可以在这样的绘画形式下，锻炼、提高自己的时尚辨识度，提高敏锐的时尚造型能力或是瞬间对形、色的组织能力。

法国自由插画家Damien Florebert Cuypers看秀的速写作品

速写的最高境界是：用眼看到的现实，用笔去意画世界！那是一种人性的解放，也是才艺的宣泄。

简洁明快的效果

FASHION SKETCH

02

速写工具的使用

不同的工具具有不同的特性，正确掌握每一种工具的使用方法，不仅有助于提升绘画速度，还能通过工具之间的相互配合形成丰富的画面效果。

2.1 铅笔

在速写工具中，铅笔是最常见、最常用的，这主要是由铅笔的特性决定的。铅笔表现出的层次感丰富，既可以用轻柔的块面效果表现，又可以用明确的线条表现。铅笔里最常见的是自动铅笔，携带便捷。目前一些较好的自动铅笔，笔芯规格除了常见的0.5mm之外，还有0.7mm、0.9mm、1.3mm等。笔芯越粗，侧锋的铺面效果就越好。除自动铅笔外，还有常规的绘图铅笔，在我学习绘画的学生时代，常常把画素描之后剩下的小笔头保留下来，因为将这种小笔头夹在拇指、食指和中指间来画速写时效率很高，特别爽！

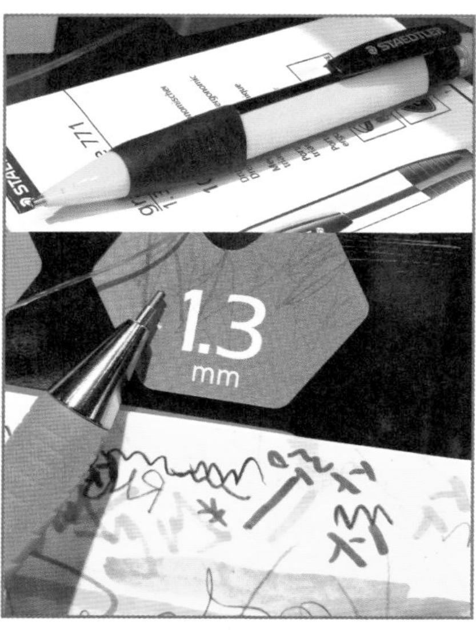

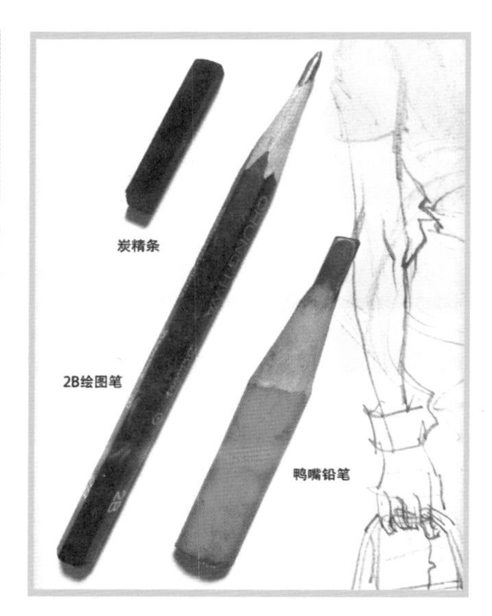

常用的速写绘画铅笔和炭精条工具

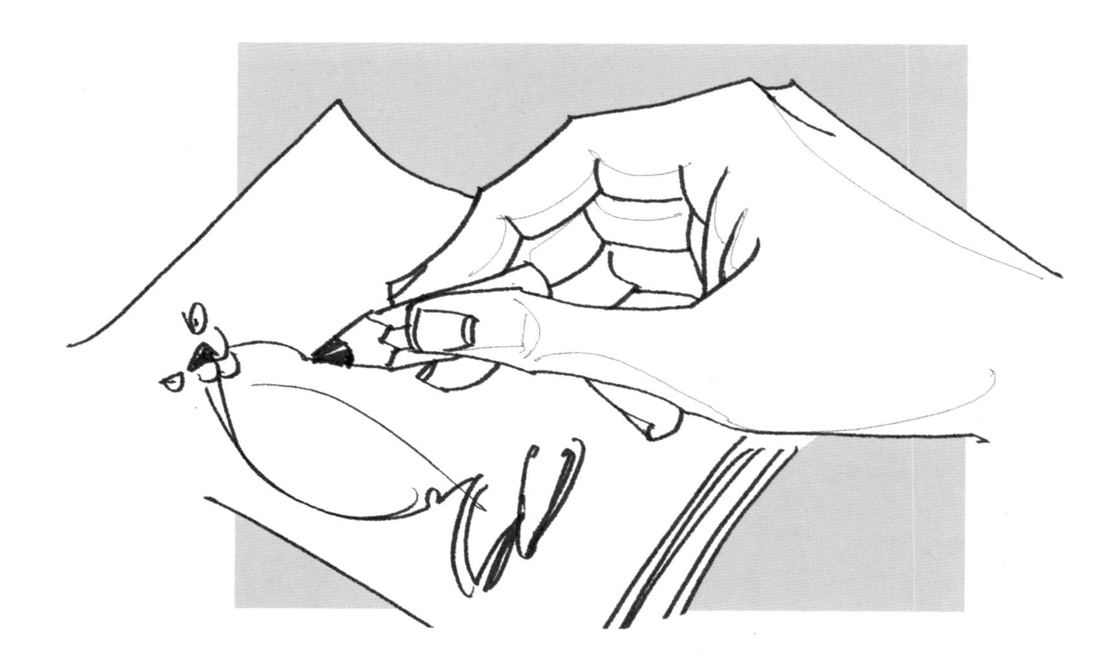

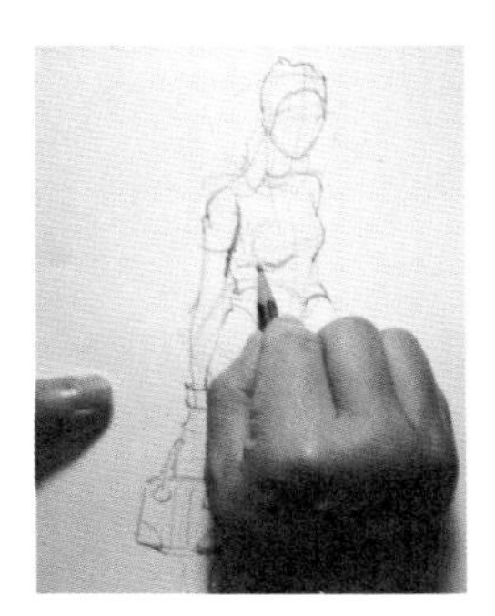

侧锋笔起稿

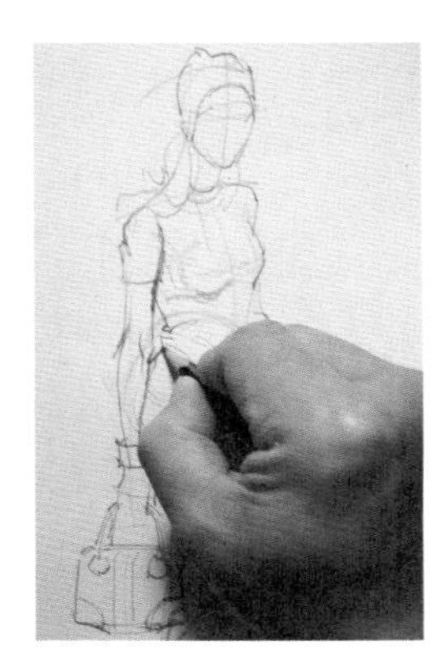

直锋画深入

直锋画细节

手指柔和擦

使用自动铅笔和断头笔画速写非常方便

2.2 墨水笔

墨水笔是速写里更为专业、较为普及的工具。说它专业，是因为有经验的画家才会大胆使用它，一般初学者不易驾驭。经过弯头处理的墨水笔是最受欢迎的，因为这样处理过的笔头有粗细线的变化效果，容易丰富所描绘对象的层次变化。

弯头墨水笔

通过控制弯曲笔头的方向和用力程度，可以画出变化丰富的粗细线效果。

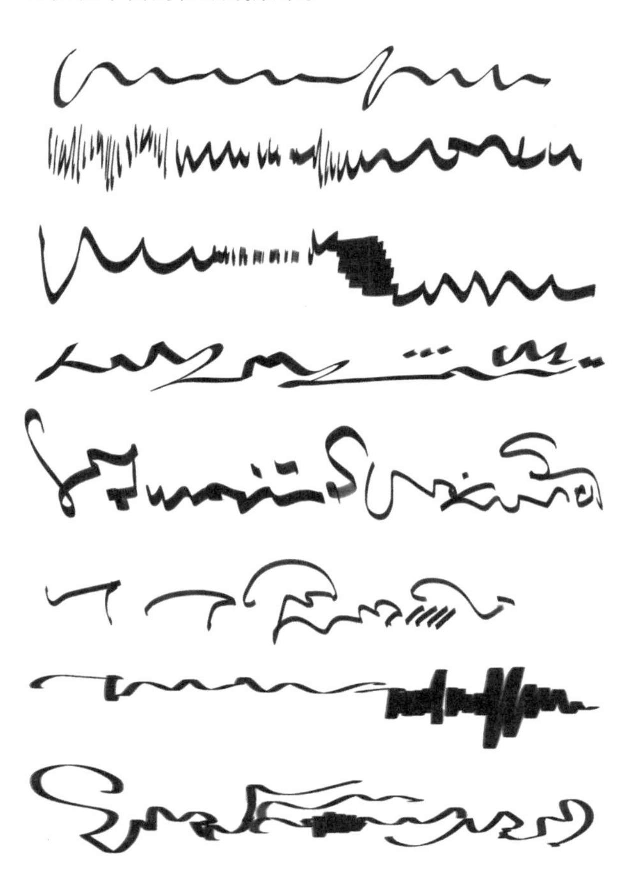

利用弯头钢笔进行时装画速写表现，注意用宽面来概括，用笔尖来刻画细节。

2.3 其他画笔工具

除了以上几种常用工具外，还有圆珠笔、中性笔、木炭笔和毛笔，以及画彩色速写的色粉笔、彩色铅笔等都很棒。其实写字工具都是可以用来画速写的，不同的工具能够丰富速写描绘的技法形式，达到丰富多彩、各具特色的绘画效果。有了一定的基础描绘能力以后，可以建立自己的特殊绘画习惯，运用特有的描绘工具，根据画笔的不同材质特性进行速写绘画。比如中性笔方便画线，那就发挥它画线的魅力；粉笔画线不是其特长，但画面时就很好用了，如果想柔和，粉笔就更加能发挥它的特长，铺面之后用手指或是棉花一擦，两色间自然融合，效果非常棒！利用好工具的特性进行速写绘画，其实是非常好的创作过程，这种体验能够让自己的绘画技巧迅速获得提升，描绘出优秀的作品。

中性笔或者针管笔在画速写时，特点是线条干脆不含糊。通过快速或是省略的技巧达到节奏变化的效果。

圆珠笔同样也是以线为主，可以通过线条的粗细变化和线条的排列达到色调层次丰富的效果。

粉笔或者蜡笔比较粗，画线不是其特长，但铺色块是其优势，大色块描绘的效果比较强烈。

另外，随着数码科技的快速发展，使用智能手机也可以下载很多绘画软件，随时随地都可以进行速写表现。

手机上使用SketchBook软件表现的草图

FASHION SKETCH

03

人体的构造

时装画的速写，更多的是表达对人的形态和着装动态的描绘。因此掌握必要的人体知识，对于画好速写是非常有帮助的。

3.1 人体基本比例

虽说速写不需要将人物表现得很深入、具体，常常会将理性的东西通过感性的方式描绘出来，但基本的形体比例概念在认知阶段还是很重要的。下图为7个半头长的人体比例，是最基本的比例概念。

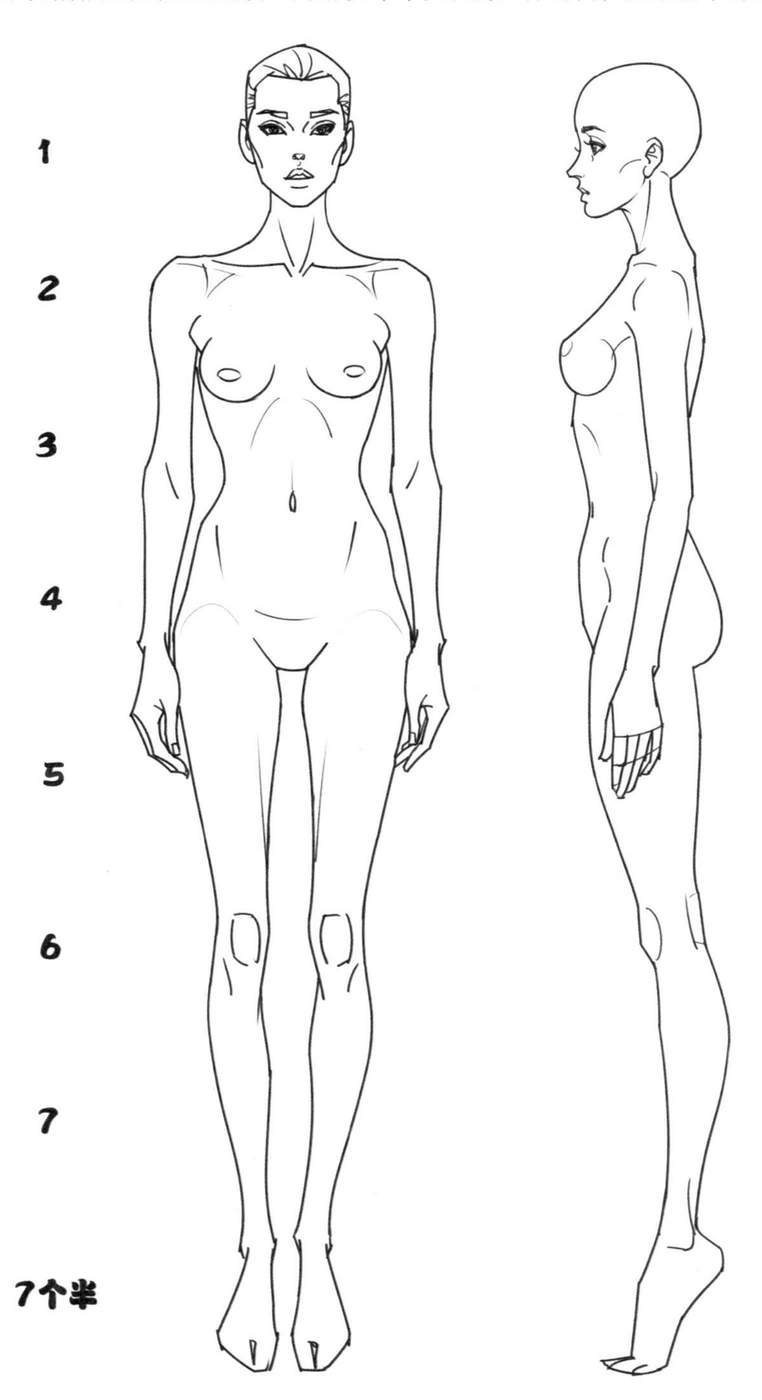

下面为基本人体比例描绘步骤。

STEP01 以1个头长为基本单位，2/3个头长为头宽，分出8个头长。

1
2
3
4
5
6
7
8

STEP02 以头长和头宽为基本单位，定出肩、腰、胯的宽度及位置。

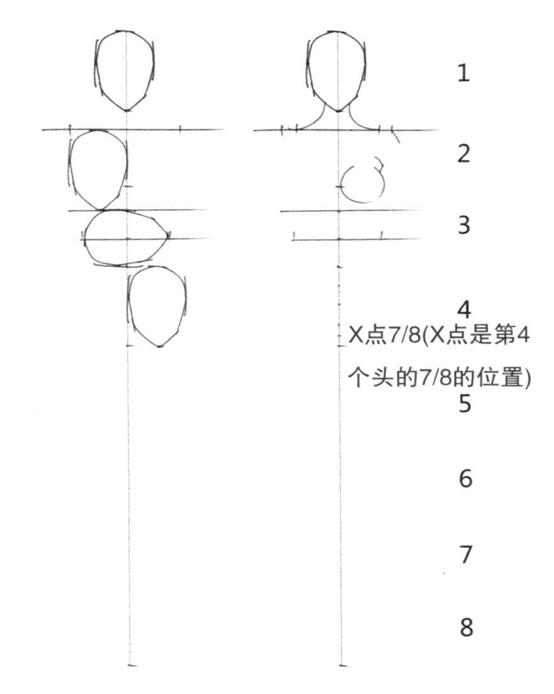

STEP03 根据定出的肩、腰、胯的宽度（肩胯同宽）及所在位置画出模型。膝盖在大腿转子的胯位到7个半身长的1/2处，并连接胯和脚踝。

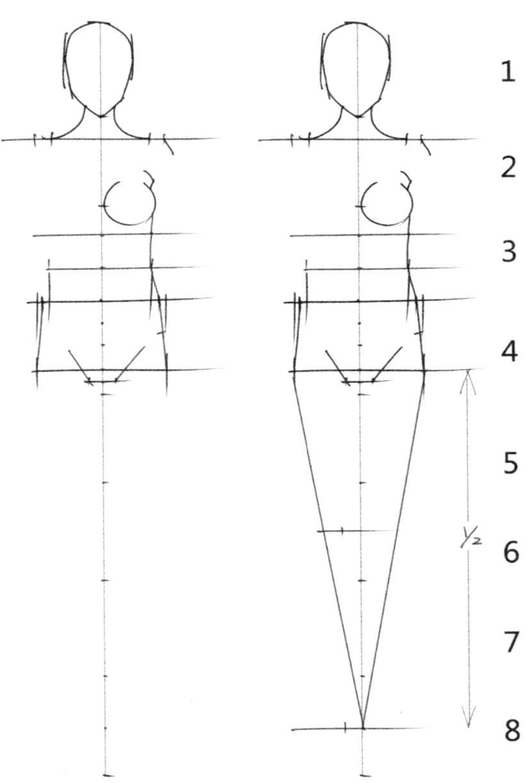

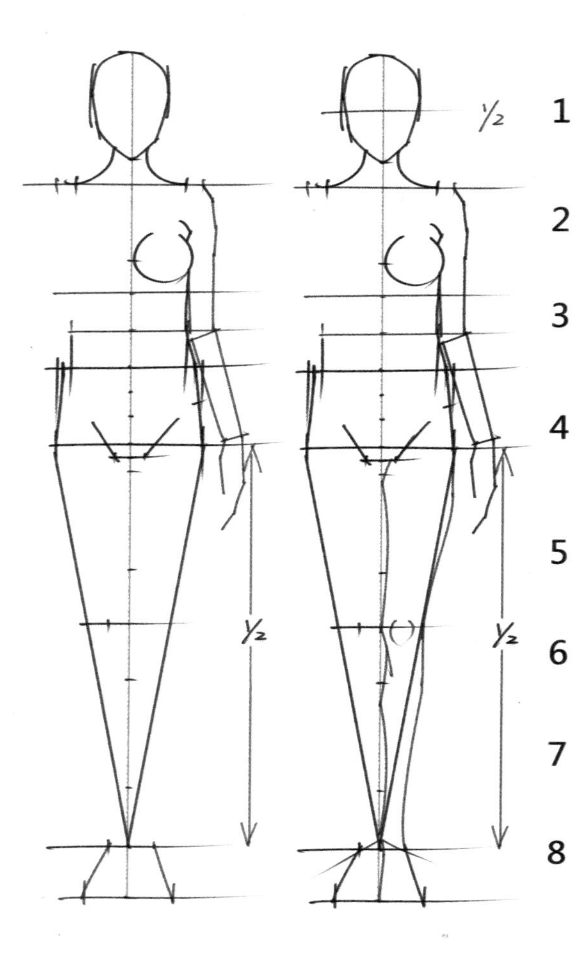

STEP04 膝宽的1/2作为踝的宽度，内踝偏高稍做斜线定位。注意图示中手臂的画法及腿部外侧的描绘。

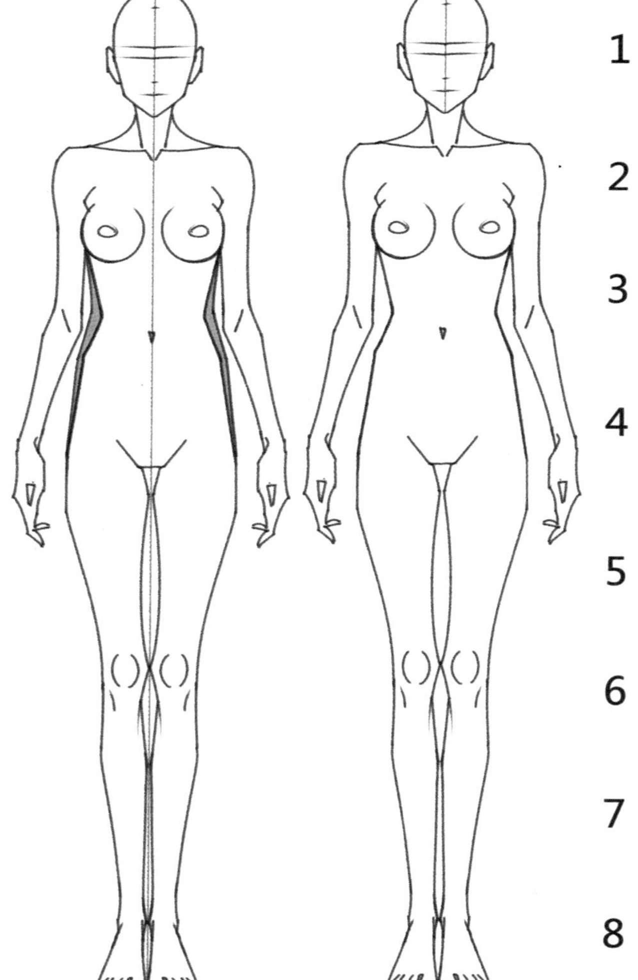

STEP05 连接模型的各个位置并画顺，注意手腕的位置，指尖到大腿中部。腰部收进要比单位头长窄一些，这样会使形体更美（图示中橘色为收进）。

很多时装画初学者，喜欢将人体比例定位为9头身或者10头身，认为只有将腿画得很长才能表现出美感，殊不知，让人艳羡的一双美腿在正常人体比例基础下，反而能更好地进行变化和夸张。缺乏正常比例的长腿会让身体其他部位的比例“失调”，美观反而打了折扣。

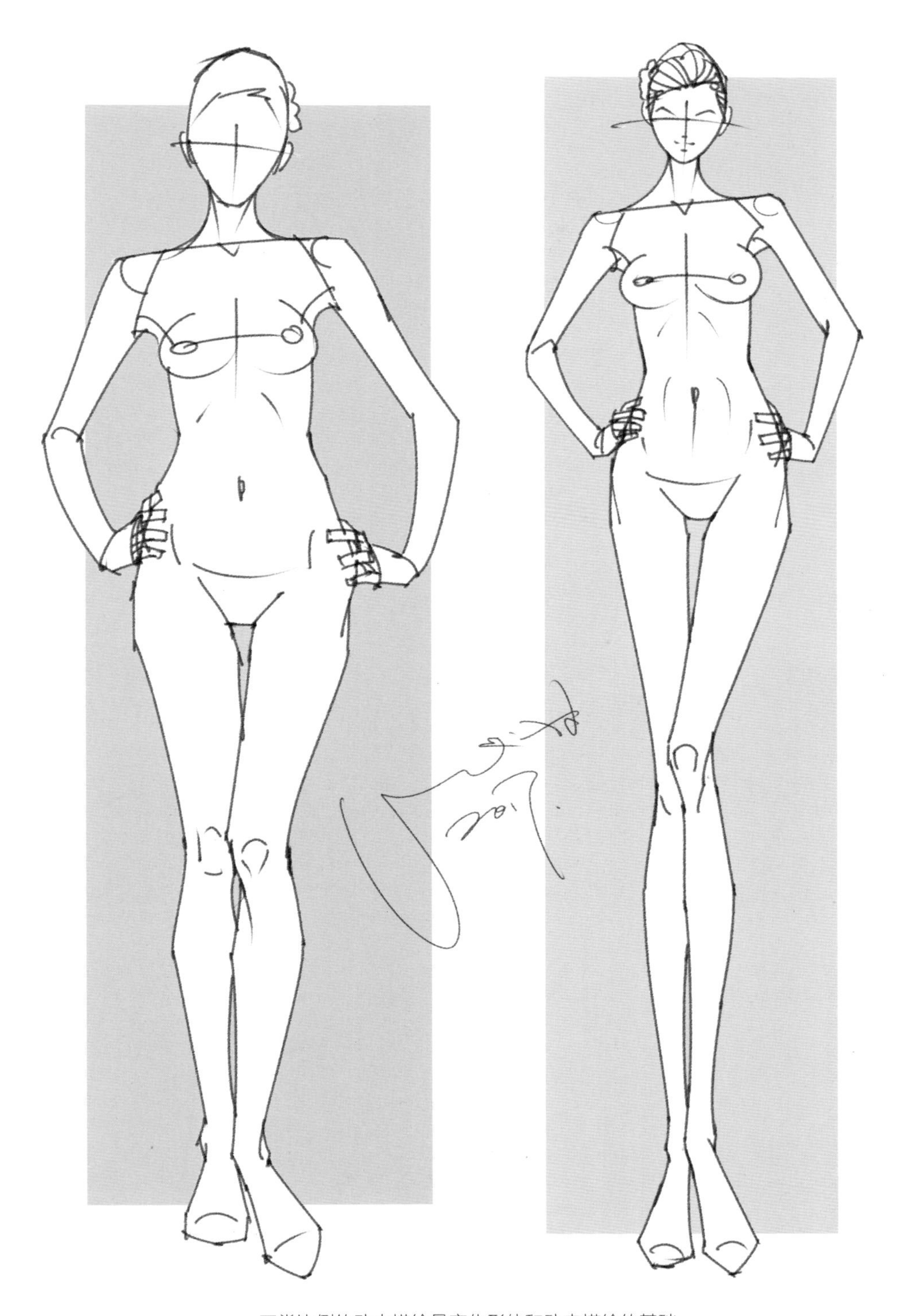

正常比例的动态描绘是变化形体和动态描绘的基础

3.2 人体基本构造

人体结构最为关键的要素是骨骼，骨骼支撑起了身体的架构。肌肉、脂肪和皮肤在人体的表面，与骨骼共同形成了我们对人体的基本印象。一般情况下理解的高矮指的是骨骼的长度；胖瘦指的是骨骼的宽度，以及肌肉和脂肪的厚度。

3.2.1 骨骼肌肉概念

骨骼是人体外形产生变化的关键内因。一个人的高矮胖瘦，同样也可以从骨骼上体现出来。骨骼作为速写需要掌握的人体基本知识点，虽然在很多时候从外形上看不到它的存在，但它无时无刻不影响到人的形态和着装的外观，因此了解骨骼就是了解形态和外观的关键因素。在此基础上，对肌肉、脂肪的认知才有意义。显然，从速写的角度来看，对肌肉、脂肪的理解含糊并不太影响人物速写的效果，而一旦骨骼结构出现了问题，人物的描绘就很容易出现根本性的结构错误。可见，绘画者对骨骼结构的认知显得更为迫切。

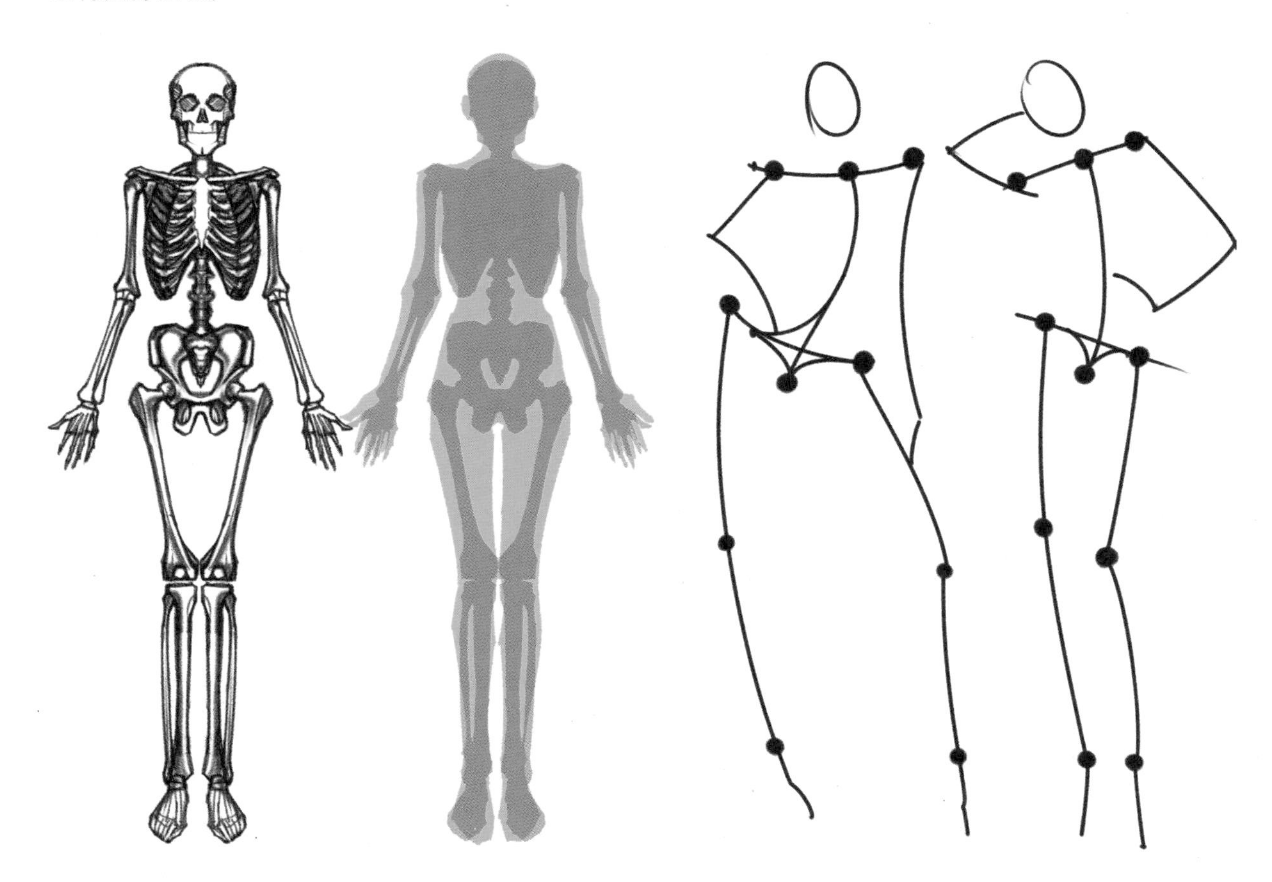

最简单的骨骼理解

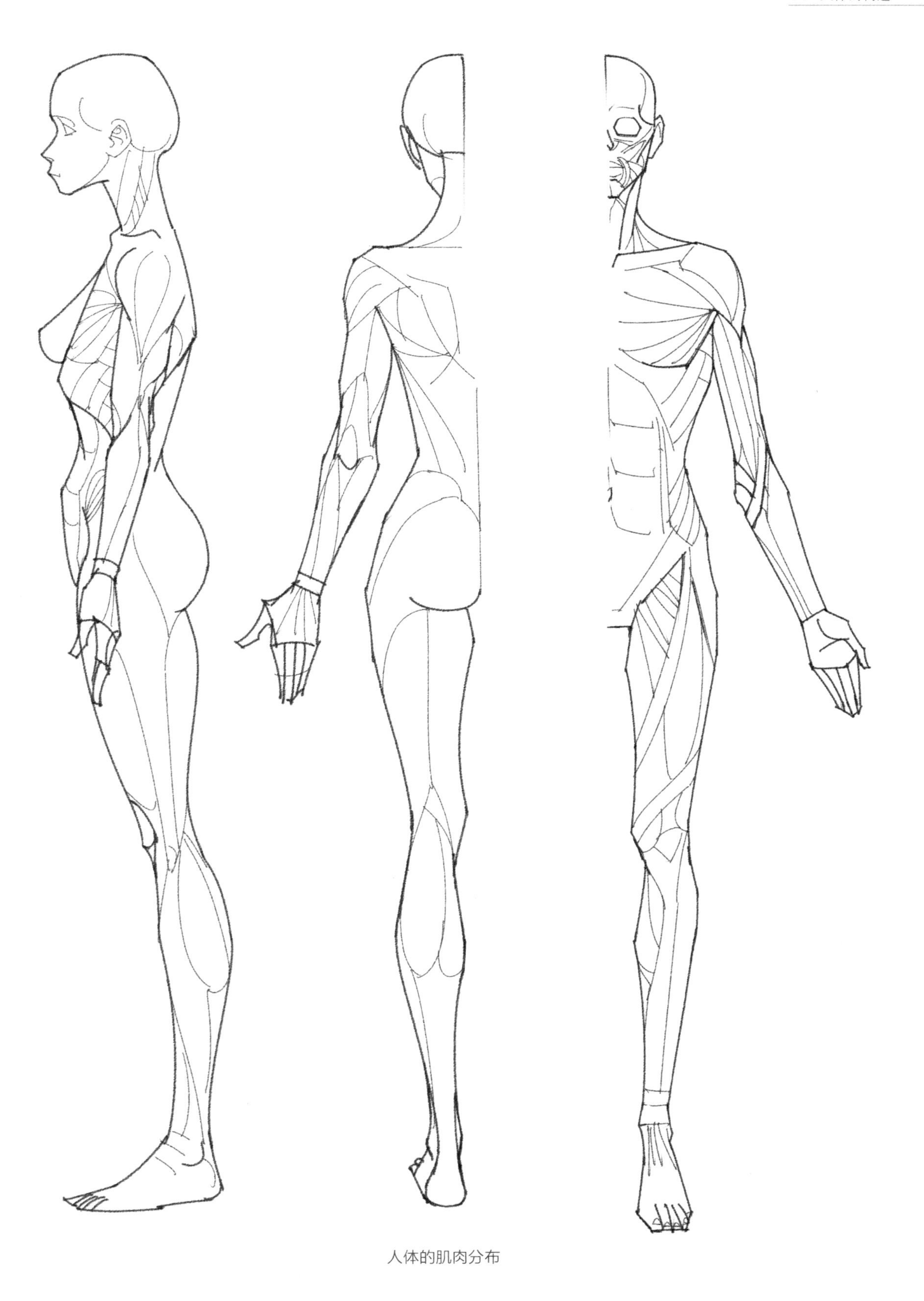

人体的肌肉分布

3.2.2 人体的组合概念

人体由躯干和四肢构成，相互之间的关系非常复杂，为了便于理解，可以将人体进行简化，看作是不同的几何形体，以便于在着装的状态下能够迅速捕捉到动态的实质，从而准确判断人物的变化。

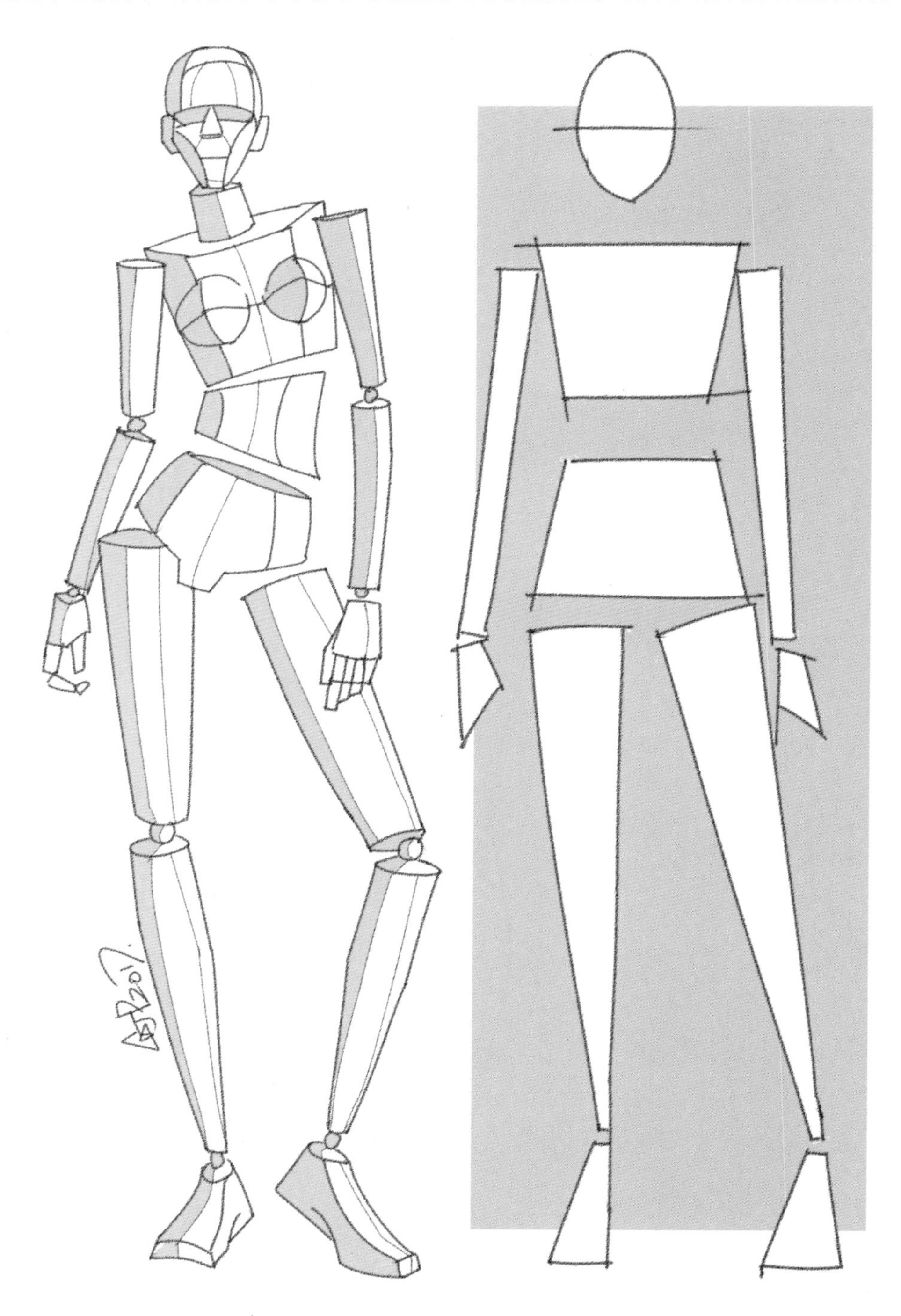

用几何形体理解人体（正面）

用几何形体理解人体（3/4侧面）

分析人体、熟悉人体、描绘人体是画好人物速写的基础。一般的描画过程可以分为下图中的5个步骤。

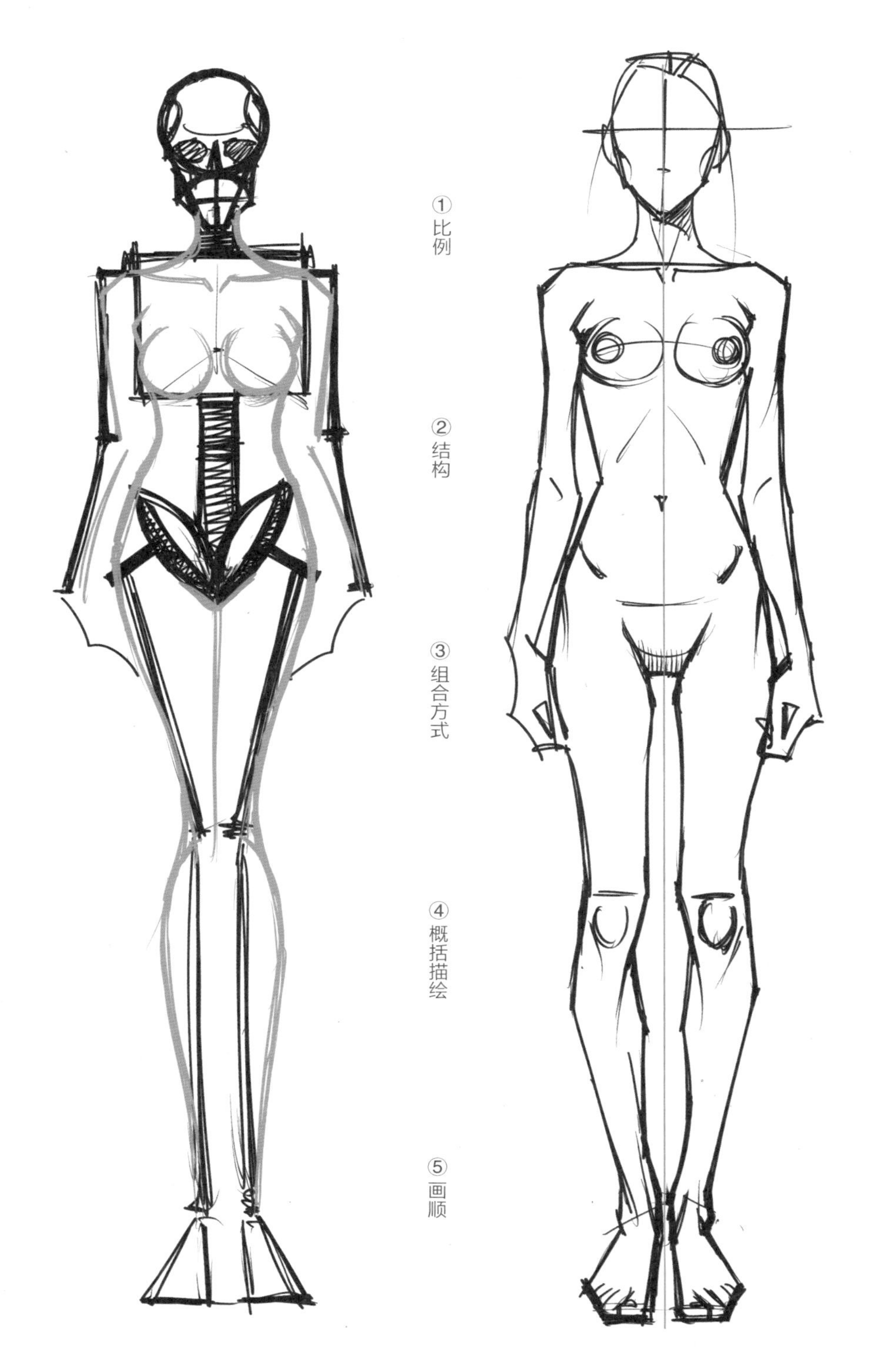

3.2.3 人体外形特征

人体的肌肉、骨骼、脂肪、皮肤一起构成了人体的外形特征，外形特征是我们对人的基本印象。了解和画好外形是画好人体和速写人物的基础。

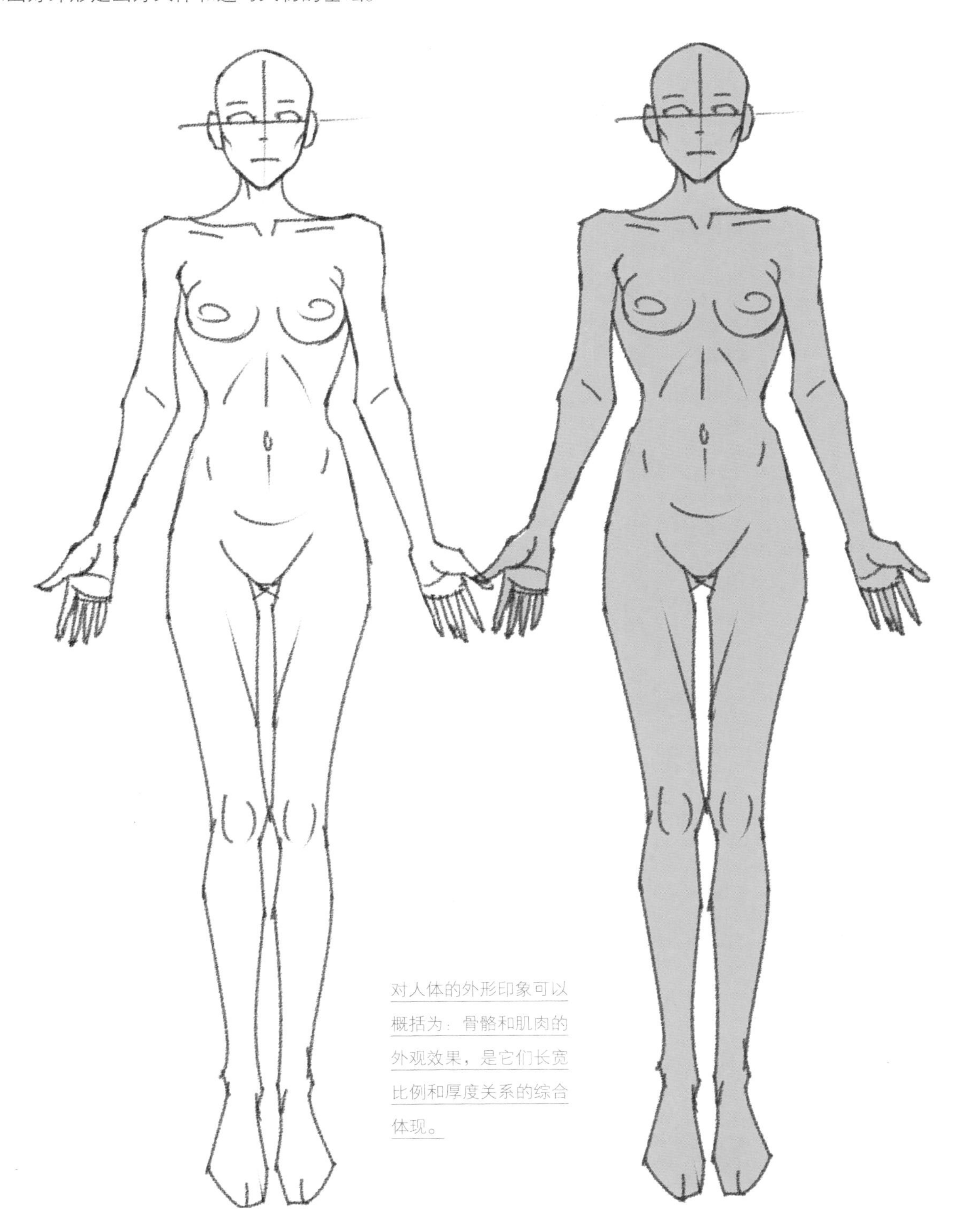

对人体的外形印象可以概括为：骨骼和肌肉的外观效果，是它们长宽比例和厚度关系的综合体现。

人体的厚度是影响人体外形的原因之一。随着人体的转动，身体厚度发生起伏变化，使得形体出现不同的外观效果。

人体的构造特征同样会影响到整体的外形和动态效果。

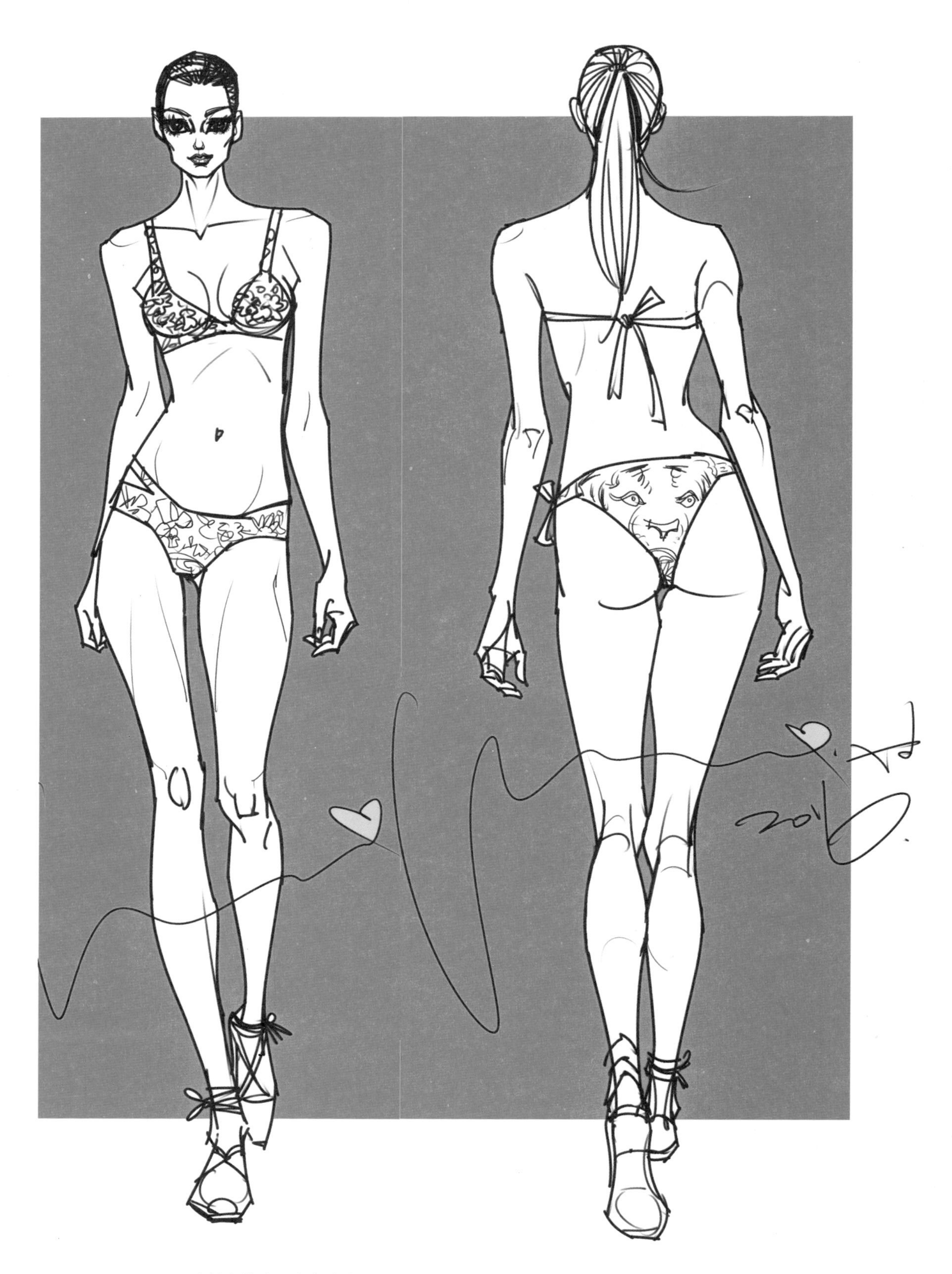

人体在静态和产生动态的状态下，其前后的外形相似、细节各异

FASHION SKETCH

04

人物动态表现

人物在动态时，除了形态的细节速写，最为精彩和生动的就是人的半身或是全身动态的速写描绘了。抓好动态的细节描绘，速写效果往往事半功倍！

4.1 人体动态

深入研究人体动态是画好人物动态的基础。在进入人物着装动态的速写训练之前，要先对人体基本动态的造型及规律做一些练习和研究，这对画好人物速写造型有很大的帮助。

复杂的人体运动变化

掌握好人体动态的变化规律，是提高速写能力最有效的方法。下面通过一个案例，让大家整体感受一下人体动态的表现。

STEP01 从整体入手，快速抓住人体的动态及身体比例。对躯干进行体块概括，这样有助于对整体的理解。

STEP03 用侧笔笔锋快速铺上明暗关系。对重点的关系可以进行强调，会有助于理解人体的空间概念。

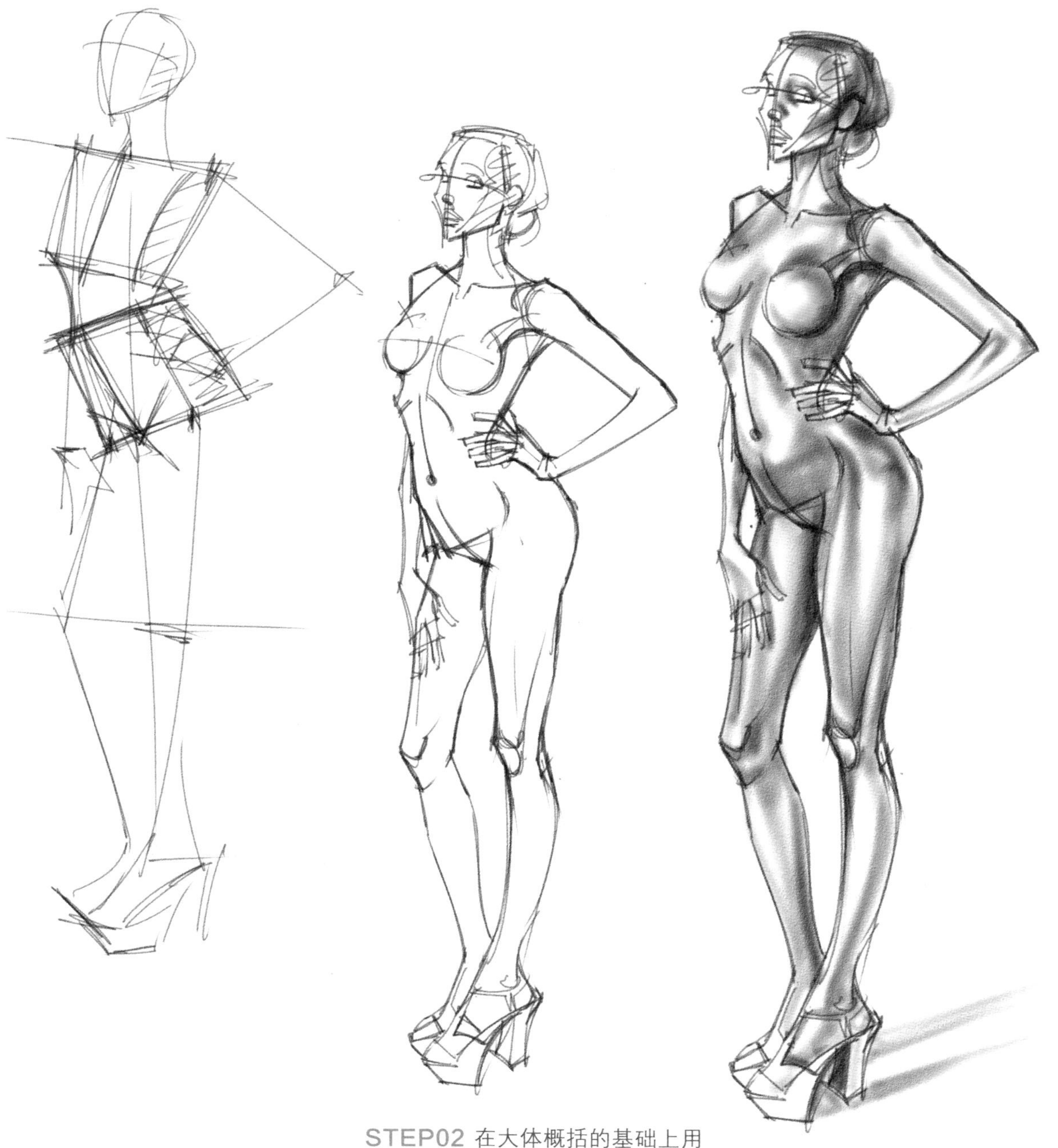

STEP02 在大体概括的基础上用弧线与直线相结合的形式快速描画出人体结构，锻炼对于形的意识。

STEP04 如果再深入研究，可有选择性地继续描绘。深入描绘的过程就是思考的过程，同时也要考虑取舍问题。

STEP05 可以尝试在原来的黑白速写图上简单地涂上某种色调，以此体会色彩变化对速写表现效果所产生的影响。

4.1.1 人体三线（中心线、重心线、动态线）

人体的中心线和重心线是客观存在的，但是通过肉眼是看不到的，因此需要我们稍作理性分析才能认知。

如右图所示，红色线表示中心线，从颈窝点到肚脐再到X点的连线就是躯干的动态线。从髂骨直落到大腿转骨线的连接点开始，往下到膝盖、脚踝的连线即为腿部的中心线，同样也是腿部的动态线。蓝色线为人体的重心线，从颈窝点开始往下垂直于地面。人体"三线"即中心线、重心线和动态线，这三线是抓住人体变化和稳定的关键要素。

虽然中心线和动态线是重合的，但两线的意义不同，需要分开理解。中心线有助于准确判断人体的动态变化，特别是在人体侧转时产生的透视现象，可以通过中心线来比较身体两边的变化（正面时左右相等），从而比较准确地判断出透视后的变化量（即近大远小的分寸把握）。而当作为动态线来理解的时候，就更加容易判断出人体的动态趋势。

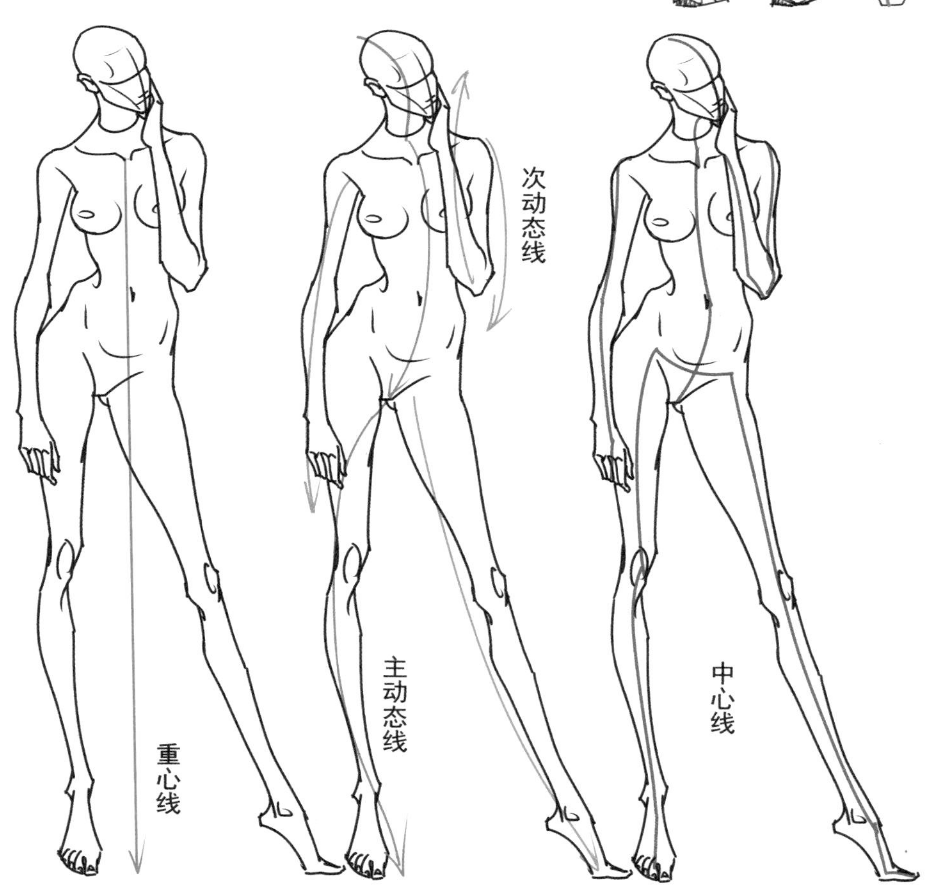

重心线、动态线、中心线是关键的人体"三线"

4.1.2 人体的体块变化

人物的外观形态及产生的动态变化，往往是由于人体的结构发生了变化而导致的，因此抓住人体结构的活动规律是掌握形态变化的根本要素。

为了能够更容易理解这些结构的变化规律，将人体划分为相应的体块来进行观察，这是获得动态变化的一个好方法。

如将头、胸腔和胯部作为同一类的体块，称之为固定体块，简称“固体”；连接三大固定体块的部位是脖子和腰部，称之为活动体块，简称“动体”。“固体”的位置变化使得“动体”产生了有限的变形，从而让人体的外观产生了和一般直立状态不一样的形象，与衣物、服饰配件等一起构成了人体动态丰富的外形效果。

掌握这些变与不变的体块变化规律，便掌握了人体动态变化的根本。

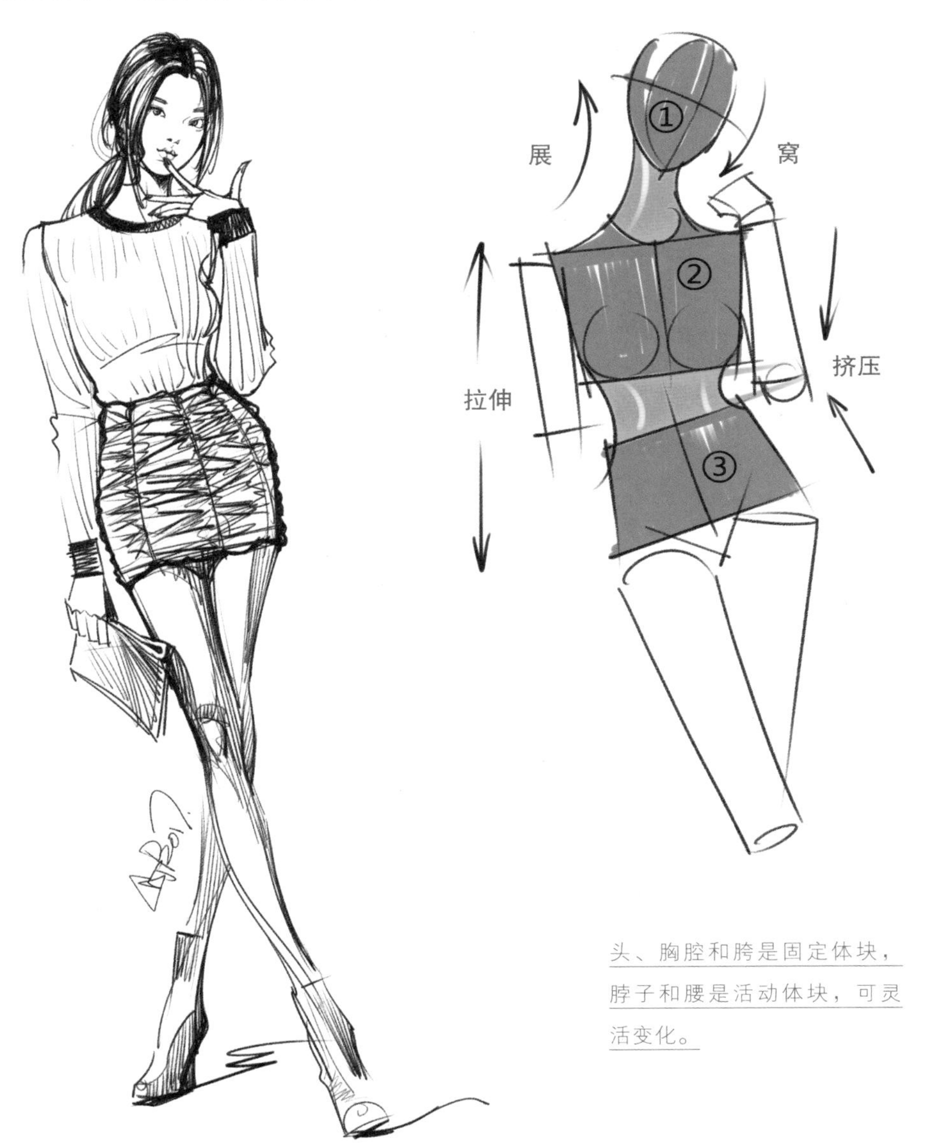

头、胸腔和胯是固定体块，脖子和腰是活动体块，可灵活变化。

体块的前倾、后仰动作使得腰部的脊椎发生变化，背部外形也产生了不同的效果。

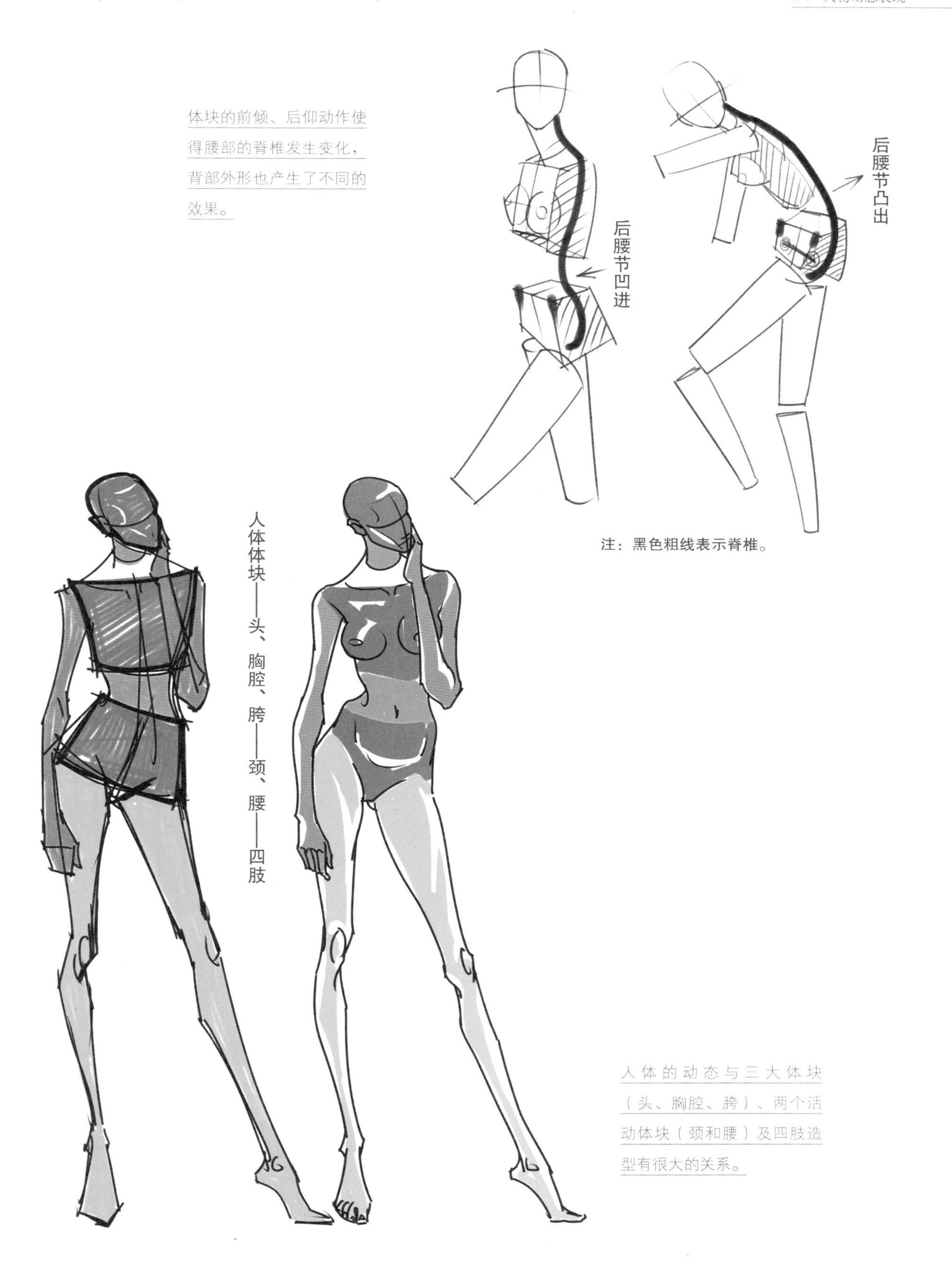

人体的动态与三大体块（头、胸腔、胯）、两个活动体块（颈和腰）及四肢造型有很大的关系。

体块的升、降、挤压和拉伸产生的外观变化效果

4.1.3 动态趋势

人体的动态趋势即人物的运动趋势，是人物运动的起始、过程和结束的变化规律。

掌握好人体的动态趋势变化，有助于预知相关运动下的动态走向趋势，提前预想并抓住动态的瞬间效果，这对于画好动态速写是非常有益的。

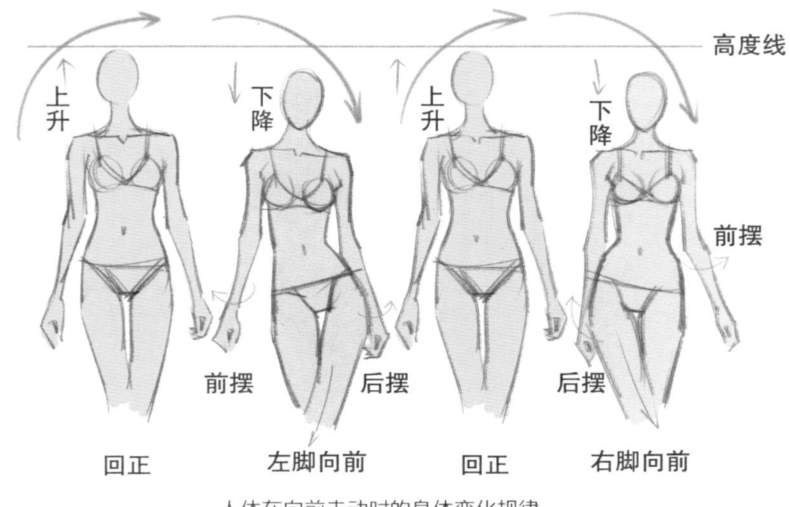

人体在向前走动时的身体变化规律

4.1.4 动态中的平衡

当人体产生动态变化的时候，身体的重心就会发生倾斜，人体就会本能地通过平衡来保持稳定。要保持稳定就需要找到合适的支点，而这个支点就是人体在产生动态变化时还能保持稳定的关键。

一般来说，直立的支点是一条通过颈窝点且垂直于地面的直线。如果两腿分开，支点就会分散，力量分散于双腿；如果力量分散在一条腿上，则整个身体的重量主要在和垂直线重合的那条腿上。

人体产生动态变化时，会出现维持自身平衡的现象，身体的自然反应在四肢上有较为明显的体现。

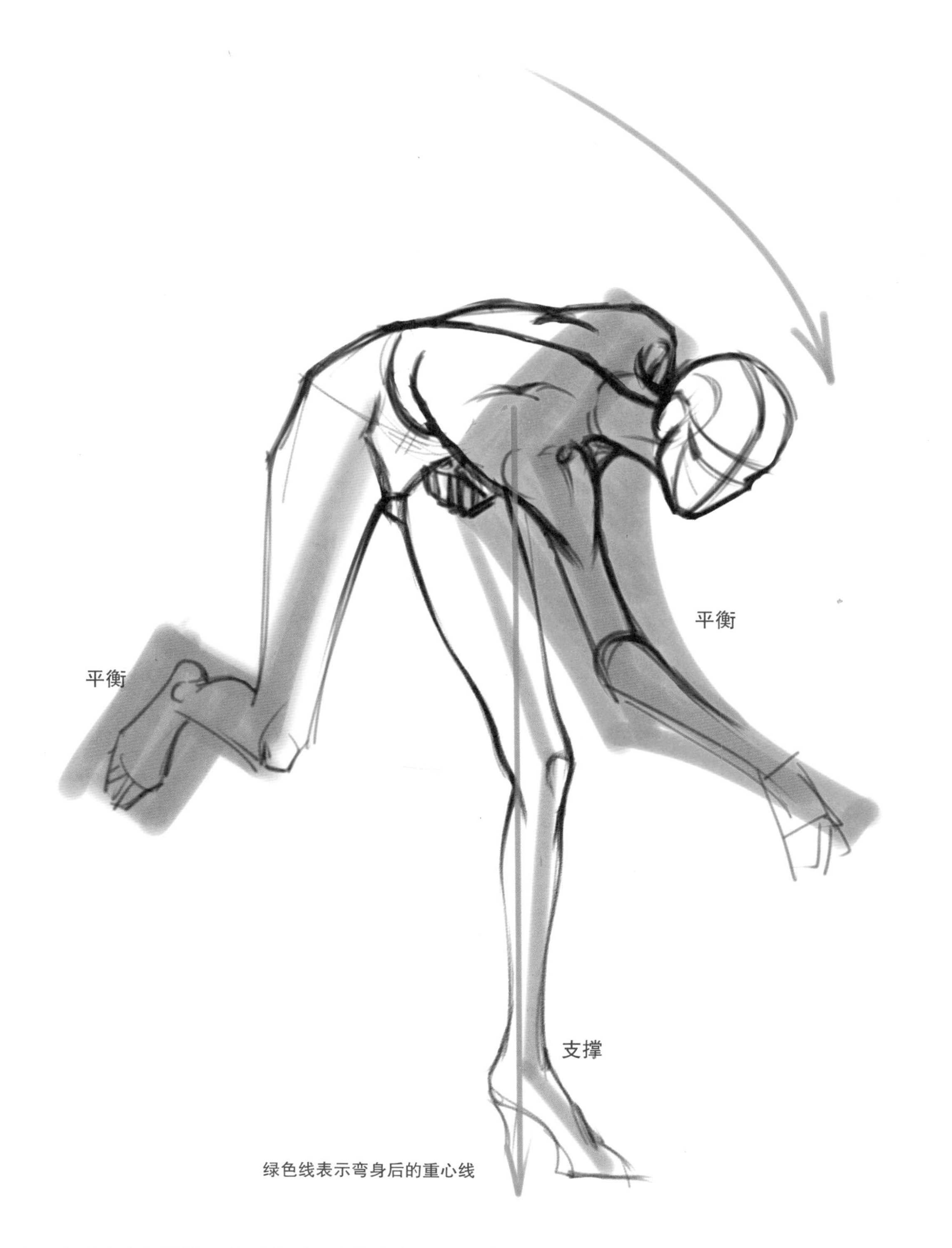

从一个动态改变到另一个动态后，身体也会自行调节以保持平衡，此时的重心线也会出现相应的变化。此时不能再以锁骨的中心位置为重心的起始参考位置，而是以平衡身体左右或前后的支撑位置作为重心线的考量。如上图所示，重心线的起始位置已经转移到身体上，而不再是颈窝点；身体的全部重量则完全由一条腿支撑，另一条腿和双手臂极力维护着身体的平衡，向各自相反的方向运动，让身体处于稳定的状态。对于这样的动态现象，是可以预知和把握的。

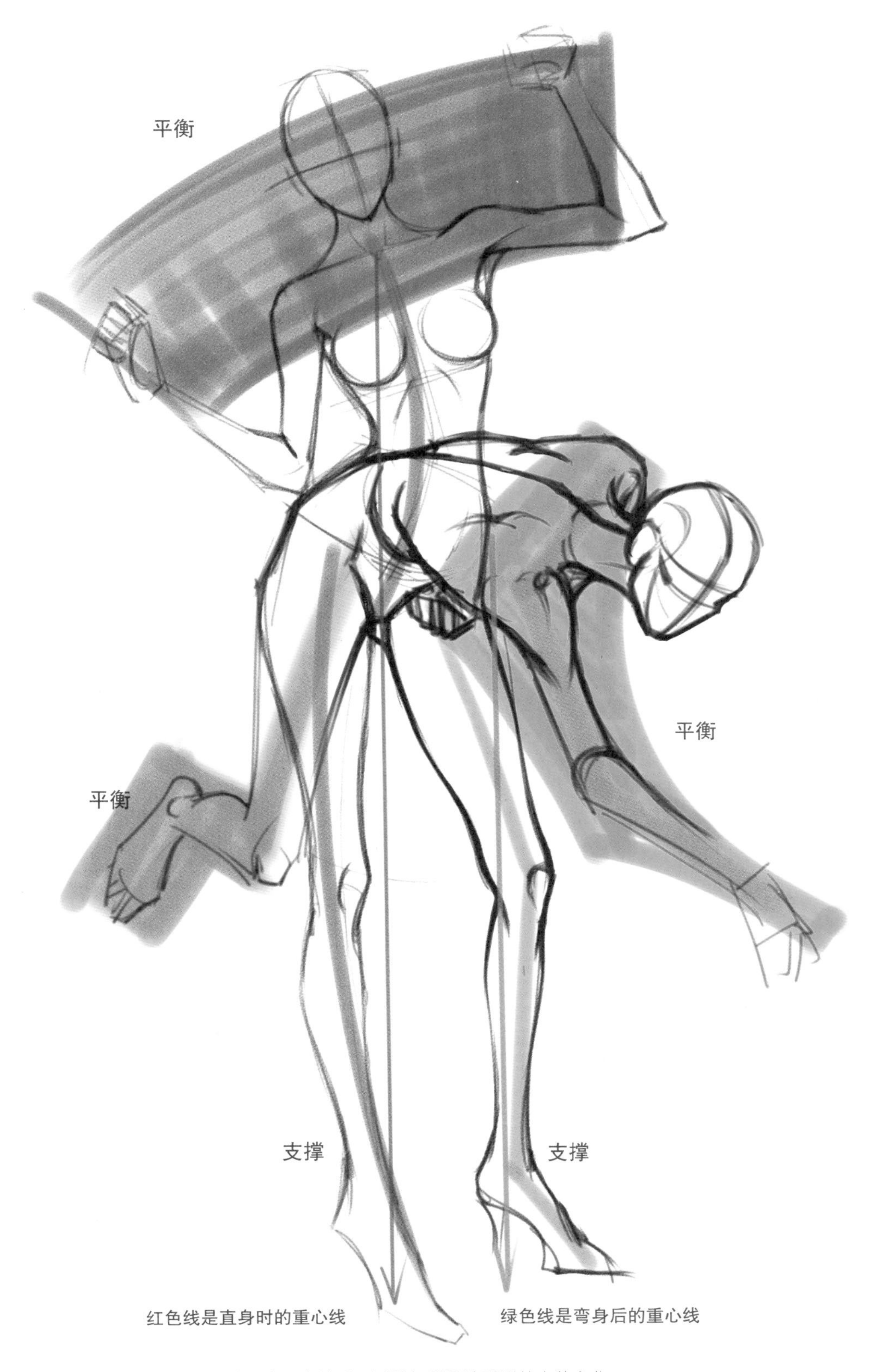

将两张图合并后可以更加明显地看到其中的变化。

4.2 人物动态

4.2.1 认识人物动态

人物动态是指人体在着装状态下，以及当人和周围发生关系时的动态表现。比如身上背了个大包，手上牵着一条宠物狗，骑着一辆自行车等都是属于人物动态的概念。

时装画速写练习往往是指人物动态的速写练习。人物动态速写是速写中最精彩和最易打动人的绘画形式。反过来说，人物动态掌握得好，时装画自然会画得好。

人物动态是人体动态的体现、延伸和再丰富，受到人体动态的影响，着装同样发生着变化，甚至在外观上更加强化人体动态的效果。在时装画速写中将关键衣纹变化线抓好，有利于突出动态效果。

4.2.2 人物动态的观察方法

人物形象是由一些关键部位组成的整体外观效果，这些关键部位是相互呼应的，彼此有进有退、有上有下。这些关键部位的相互关系有一定的规律可循，通过掌握这些规律，可以更好地观察到人体动态的变化，也能更加敏锐地捕捉到动态的精彩瞬间。

下面是常用的，也是必须掌握的动态描绘技巧。

◎ 外观形态

有句话叫做：“远看山，近看树”，说的就是整体的外观概念；同样还有句话叫做：“不识庐山真面目，只缘身在此山中”，可以用来比喻在绘画中只关注细节而迷失了画面的整体效果。人类与生俱来的细节关注力，往往在绘画的表现上更加突出。很多初学者在绘画上容易出现比例失调的问题，这是太过于关注细节造成的。在人物的速写描绘中，特别是在快速捕捉人物特征的时候，“整体”是关键要素。关注到了整体，你就掌握了一半！因此，在速写训练的过程中对象动态的变化或是时间的限定使得画者只能看个大概，而这个大概就是在培养我们对于整体外观的意识。

排除人本身更多的细节影响，首先要注意到整体的颜色所形成的外观轮廓，即剪影状态。

◎ 肢体形态

人体的肢体语言大致都能估计得出来，因为人的运动状态会受到人自身结构的约束，都限定在一定的运动范围之内。也就是说，我们每个人的行为动作都会大同小异，能够做到的程度和范围基本接近，这就为我们研究人的行为动态提供了便利。

但即便如此，想要熟练掌握人物动态的描绘，还是要对形态做更进一步的了解和学习。

丰富的人物肢体形态通过剪影的方式表现，使得人物外观变得简单了。

人的个体之所以有魅力，是和个体自身的特质有关的。这个特质是什么？就是我们要进一步学习的人的外形特征，即共性中有个性的行为习惯、动态特点。掌握好这些要素，我们描绘的对象就会独具魅力。

一般人的外形特别是廓形给人的常规第一印象是稳定的，这是共性特征；而个性特征则是，在个体的习惯性动态下其自身的比例外观（如修长的四肢或丰满的体态等）结合着装和非着装状态下的形态特质的表现，能够成为有异于共性动态的独特形态效果，达到出人意料的形态变化，或是夸张、或是强调等。掌握了这些概念，就能够及时地观察和理解人的动态规律与变化，画出更为满意的画面。

4.3 人体透视分析与表现

透视现象的存在，是相对于观者的唯一视角所形成的图像画面效果。人体结构很复杂，任何一个角度看人体都存在着透视现象。只是相对于左右对称的直立人体来讲（人体正面或者背面），当我们看到的不再是对称效果的人体动态时（人体侧面），更能让我们体会到人体空间透视现象的存在。

人体有整体的透视，也有局部的透视。当人体产生动态变化时，就可以理解为产生透视现象了。有了人体透视变化的概念，当我们在进行人物速写的时候，就可以合理地表达出人体动态外形的变化，这对于锻炼瞬间的观察和记忆表达是很有帮助的。

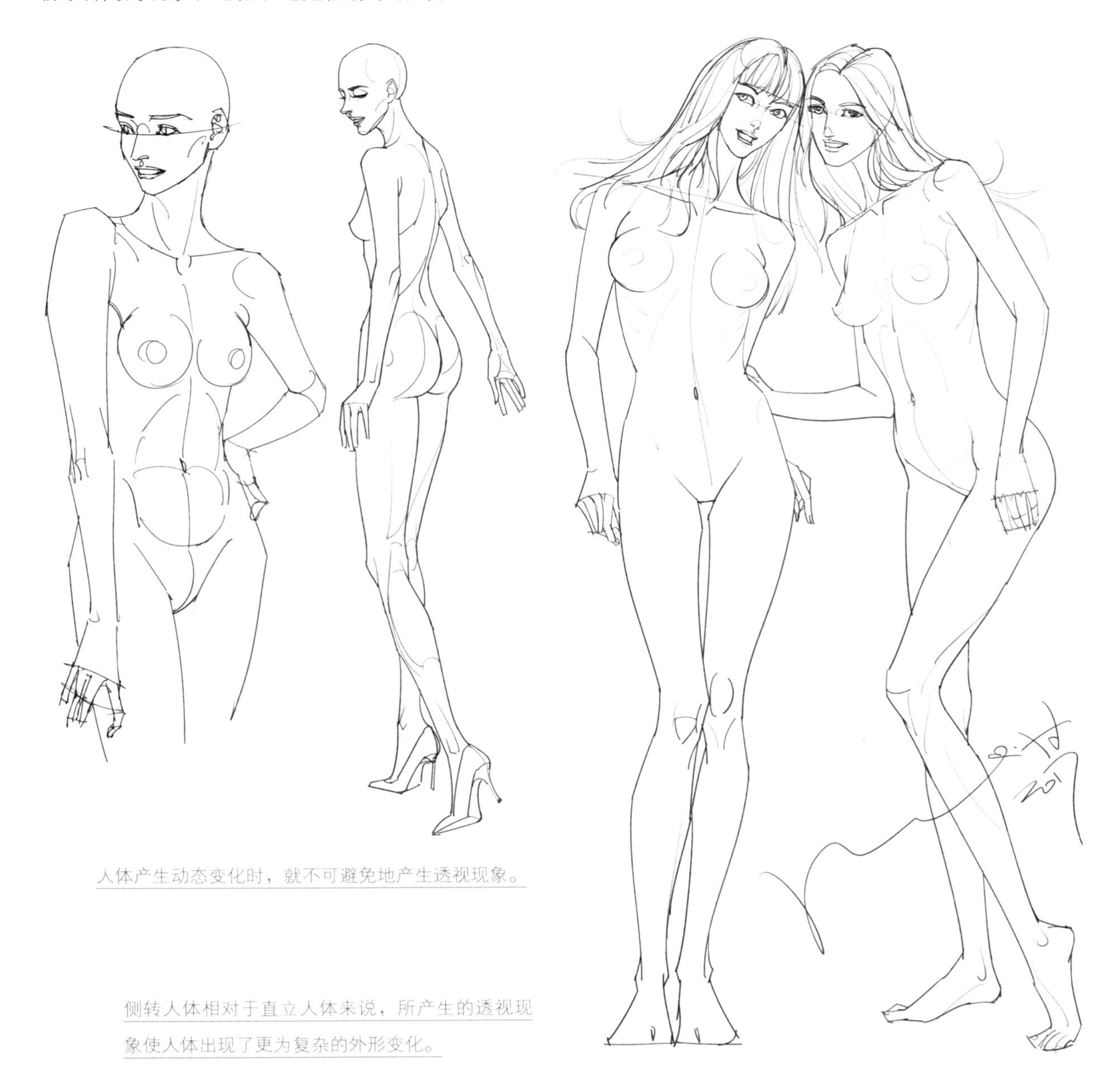

人体产生动态变化时，就不可避免地产生透视现象。

侧转人体相对于直立人体来说，所产生的透视现象使人体出现了更为复杂的外形变化。

4.3.1 透视要素

对于透视现象，可以通过以下的关键要素来加以理解。

视点、视线、视角、消失点和视平线，是理解透视现象的基础。“视点”就是观察者眼睛所在的位置；“视线”指的是视点与观察对象之间的假想连线；“视角”指的是观者在观察对象时自身所处的上下左右的位置关系；“视平线”是指与视点同高的假想水平线；当视线和视平线相交时，相交的那个点就是“消失点”。这些要素综合起来使物体产生了透视现象，即近大远小的视觉效果。人体的透视变化同样会遵循这些因素所产生的视觉现象。

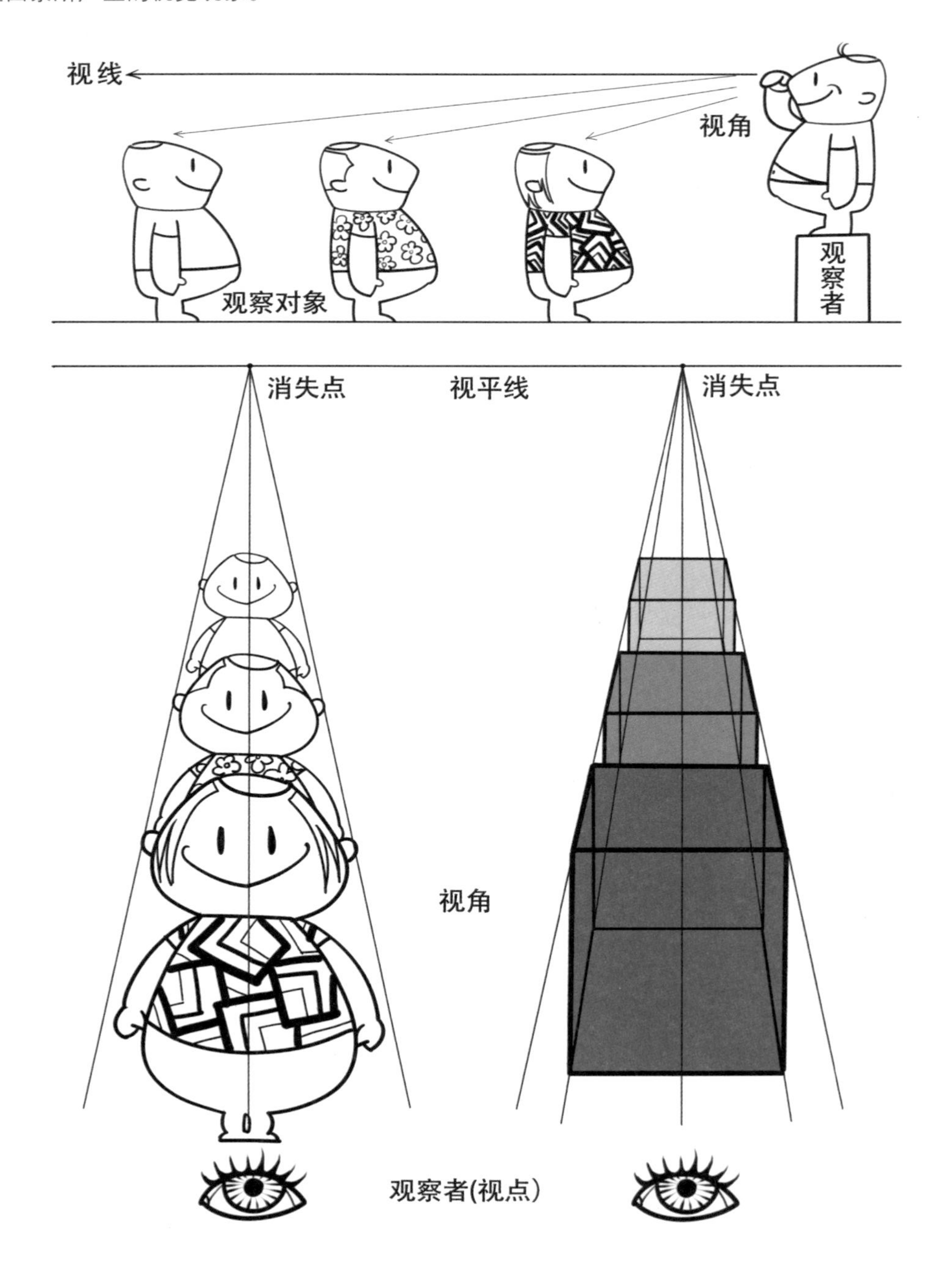

4.3.2 人体不同透视现象分析

常见的透视现象有3种：一点透视、两点透视和三点透视。通过了解透视现象，对把握好人体及人体动态的变化是非常重要的。很多人画得别扭，多数原因是透视没搞清楚。也就是说，画的东西不符合人们平时的观察和习惯。所以，了解透视、掌握人体透视现象就显得尤为关键了。

下面通过例子来认识下人体透视的3个基本现象和描绘效果。

◎ 一点透视人体

一点透视就是物体（如正方体）由于它与画面间相对位置的变化，导致它的长、宽、高三组主要方向的轮廓线与画面可能平行，也可能不平行，这样画出的透视称为一点透视。在此情况下，方体就有一个方向的立面平行于画面，故又称为正面透视。以下图正方体为例，各个正方体的纵深线均集中于消失点上。可以说一点透视是简单的透视现象，也是我们理解透视的基础。在画人体时装画的时候，人体并非是个规则的立方体，全身的形体结构非常复杂，但为了研究透视现象对人体的影响，不妨将人体或其动态理解为一个长方体。对于一点透视，我们可以将人体正对画面的面作为长方体的一个面，转折纵深的位置作为长方体的侧面来理解，以此作为观察透视现象的基础。

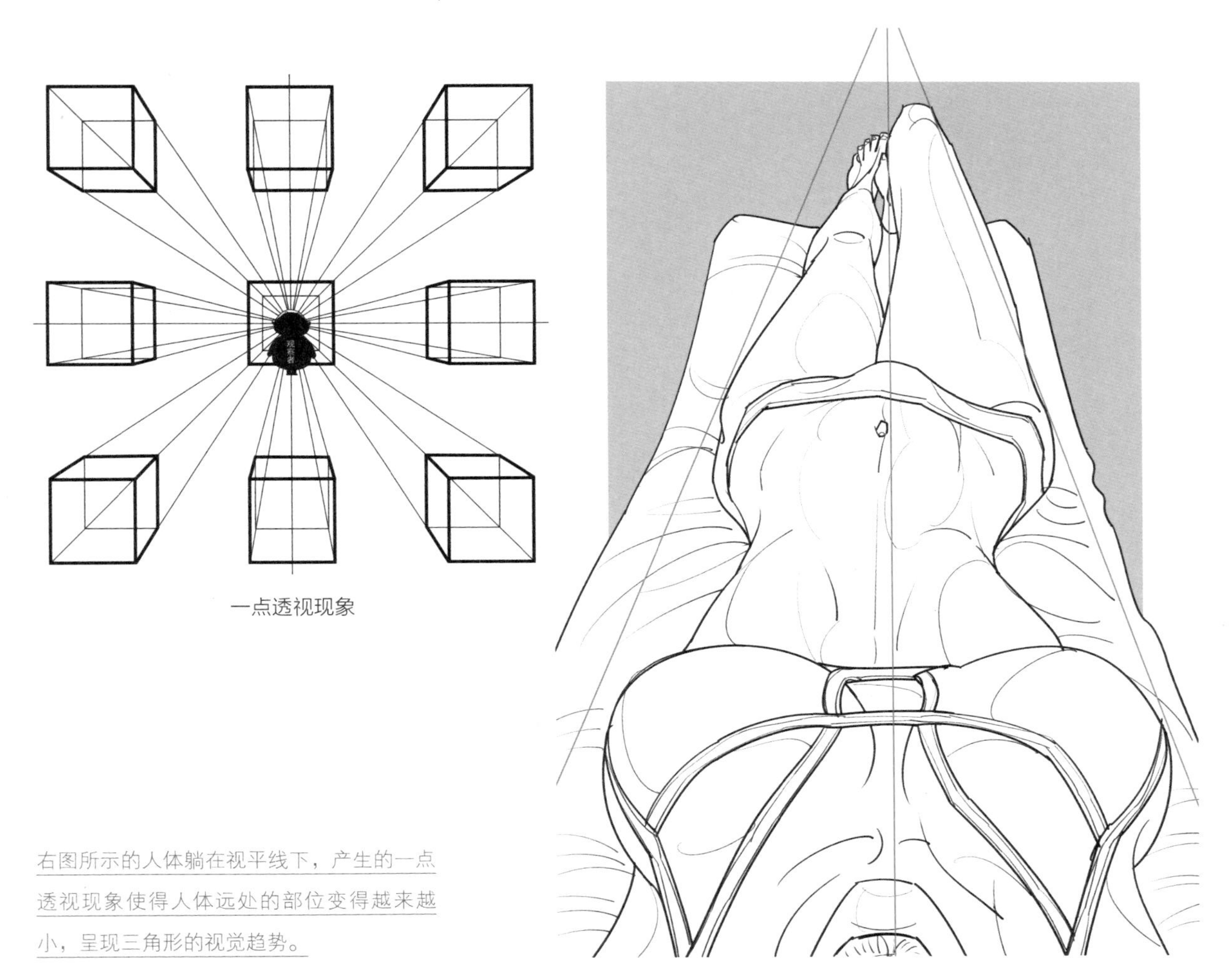

一点透视现象

右图所示的人体躺在视平线下，产生的一点透视现象使得人体远处的部位变得越来越小，呈现三角形的视觉趋势。

◎ 两点透视人体

如果长方体仅有垂直的轮廓线与画面平行，而另外两组水平的轮廓线均与画面斜交，就在画面上形成了两个消失点，这两个点又都在视平线上，这样形成的透视效果称为两点透视。此时的长方体的两个立角均与画面成倾斜角度，故又称之为成角透视，如人体的3/4转体或半侧转体等。用长方体来比喻直立的人体，那么非正对画面的人体的正面和侧面，就是成角透视的两个面。两个面向左右两边消失，形成了两点透视现象。

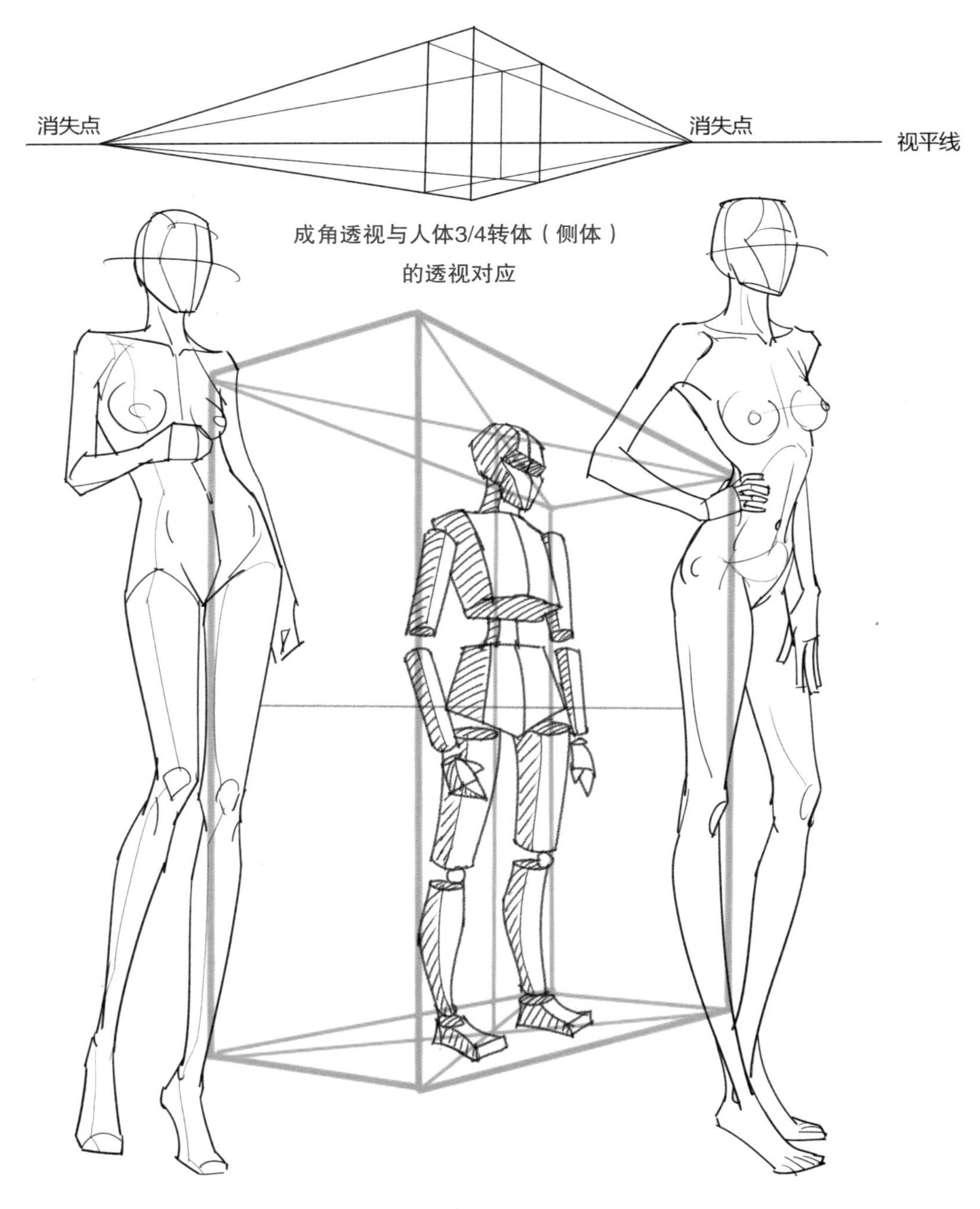

两点透视现象

维密的动态透视分析

维密造型速写

3/4侧体是两点透视最为常见的动态效果

◎ 三点透视人体

三点透视的形成是因为物体没有任何一条边或块面与画面平行，相对于画面，物体是倾斜的，所以又称为倾斜透视。这个透视现象存在着第三个消失点，这个消失点必须在和画面保持垂直的主视线上（观察者视点所在位置）。

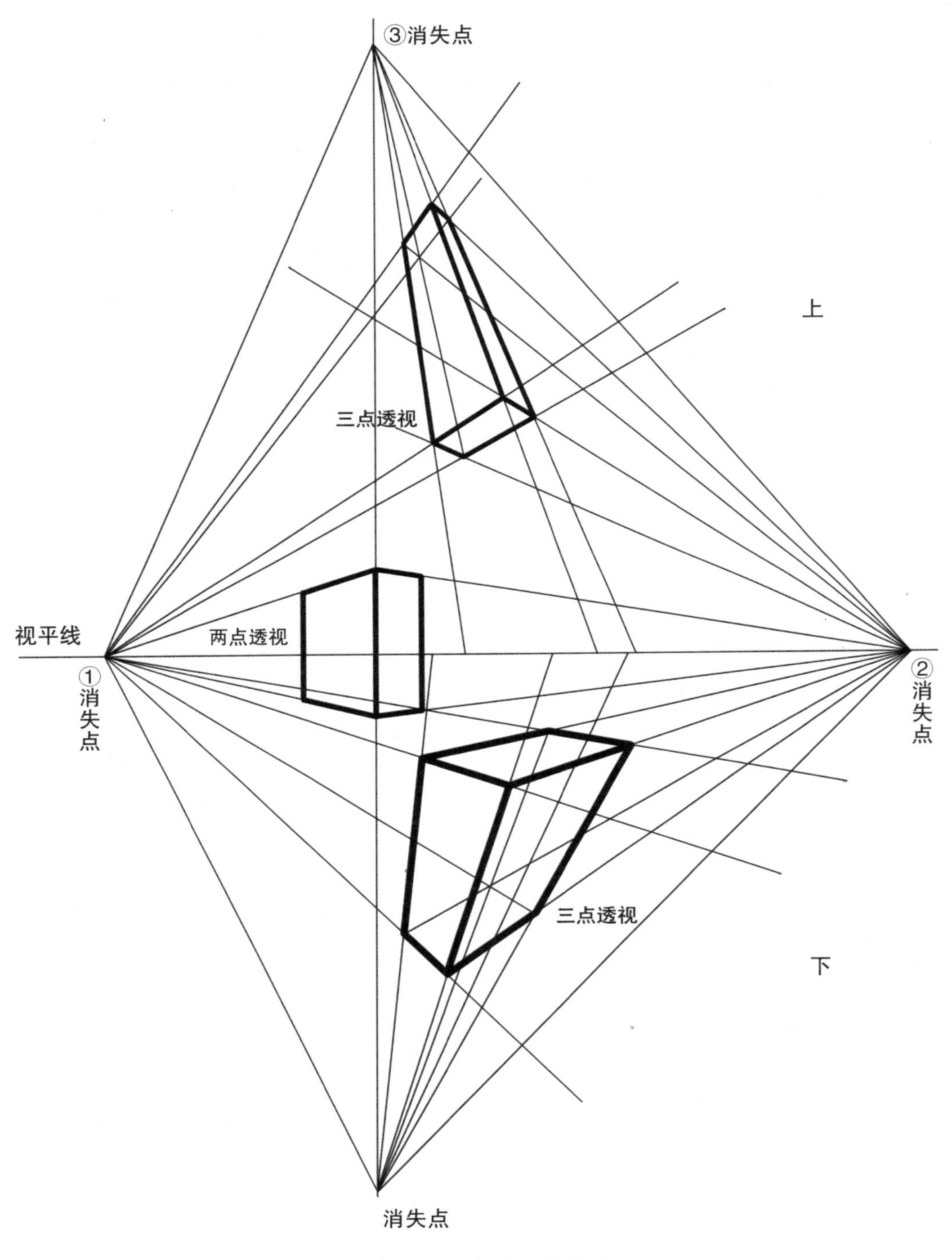

三点透视与两点透视对比分析

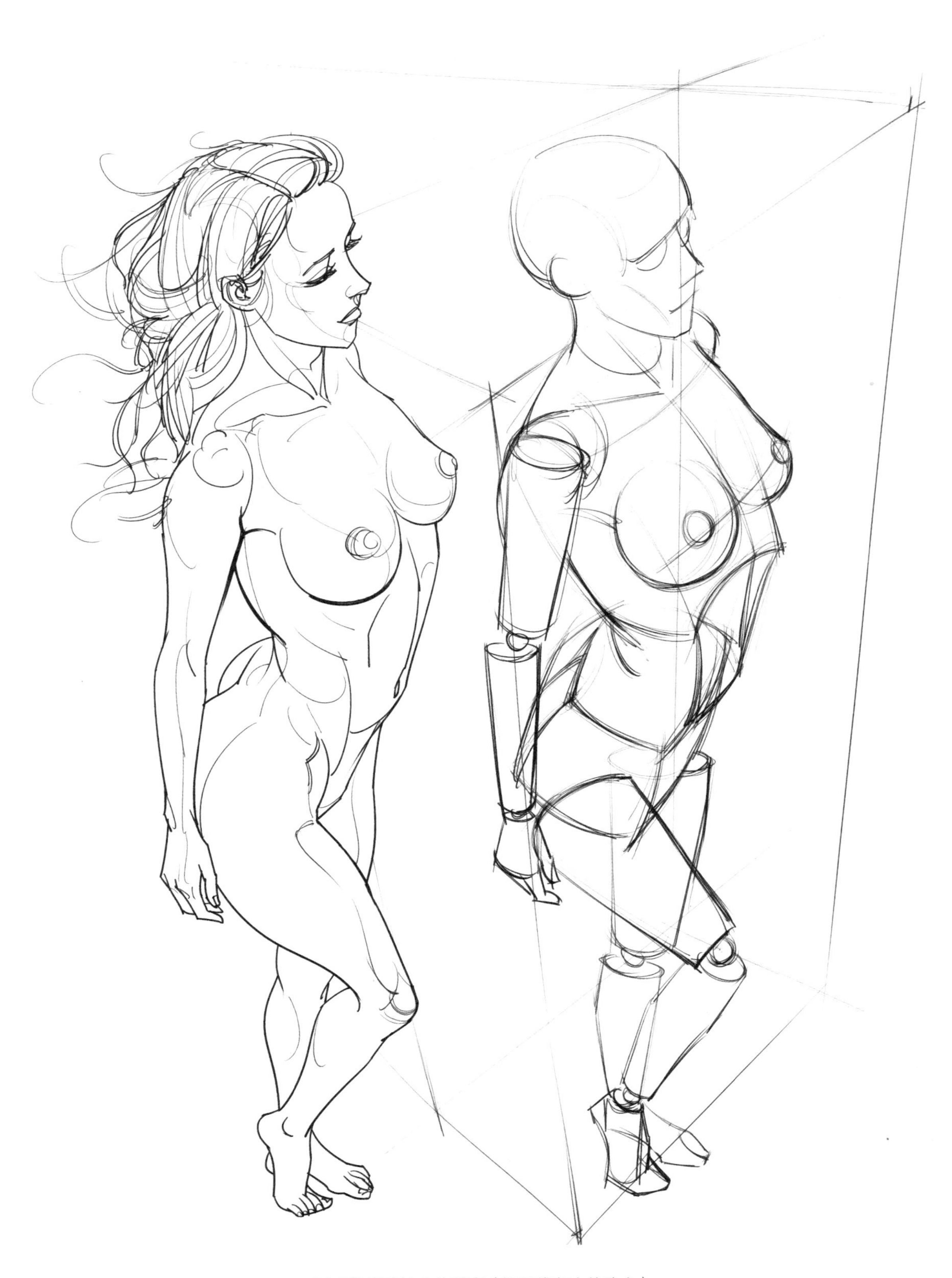

三点透视下的人体形态（视平线在人的头上）

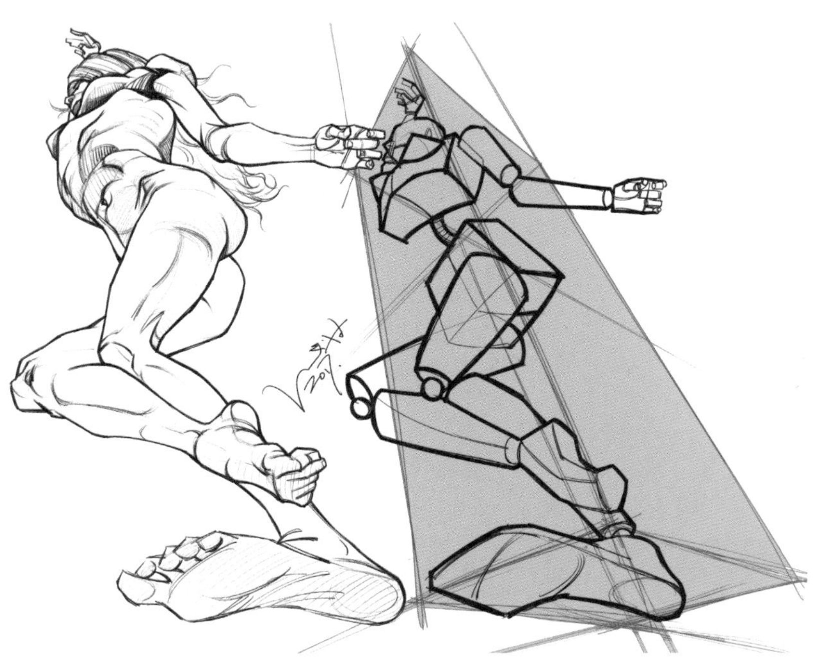

三点透视下的人体形态（视平线在人的脚下）

人体的透视现象遵循基本的透视规律，但由于人体自身部位的复杂性，特别是人体在活动和弯曲时透视现象就显得更加复杂了。

对于简单的几何体，我们很容易地判断出它的透视，但对于活动幅度大的人体来说就很复杂了。人体透视和几何体毕竟不同，因为人在活动的时候，三大块和四肢处于视平线的不同位置，所以在观察者的视线里三种透视现象在身体的各个部位都有可能产生。这个时候，我们该如何来画呢?

在确定视平线的位置后，可以将身体较大和相对稳定的部位作为透视主体，而其他部位则作为次要透视体来看待。如躯干里有两大块比较稳定（头部除外），那就以这两大块作为透视主体，将其透视相对描画得准确些，而其他的部位则参考已有的视平线和透视主体，凭感觉将它们的透视绘制出来。

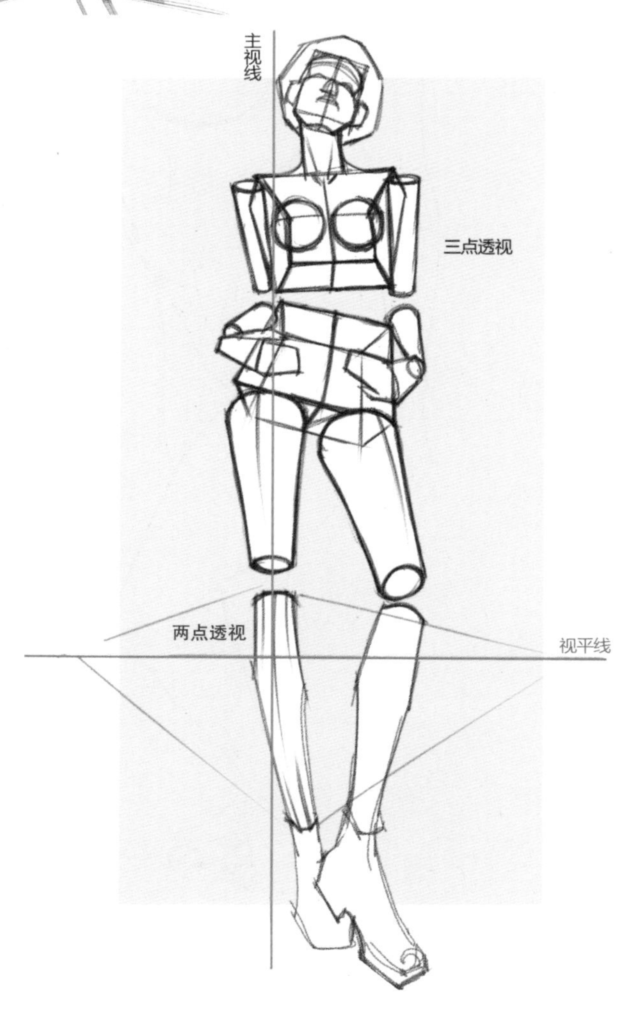

4.3.3 常见人物透视速写表现

透视现象的速写描绘，其实就是在普通的绘画里增加了透视的概念。除非人体剧烈运动，否则按一般的透视规律就可以描画好透视人物了。绘画的方法都是一样的，只是在描绘的时候多了些透视的因素。注意，在进行透视描绘时，只要感觉是合理的就可以大胆下笔描绘了，不必过于苛刻。下面以3/4侧体和稍有幅度变化的坐姿透视作为例子进行示范。

◎ 3/4侧体透视人物速写表现

STEP01 注意人物的基本比例、重心和动态外形线，点到为止，快速描画出来（不一定准确，但感觉要对）。

STEP02 3/4侧体是常见的时装画人体动态，在大轮廓的基础上分析三大块的转向关系，并对透视的基本效果作出分析。可以画些几何体来辅助理解，如果参照图片来画，视平线大概分析一下就好，不一定要进行准确的分析，后面会一边画再一边做调整。需要注意的是，前面画的线可以适当地轻一些，随着画面的描绘，下笔越来越肯定，线条也越来越清晰。

STEP03 有了基本的透视分析后，再以身体中心线为参考，根据近大远小的透视关系把人体的透视关系画“准确”。

STEP04 根据前面的分析，再参考辅助线，可以把一些主要的细节和形态画出来。做一些适当的调整之后，透视速写的人物动态就基本完成了。

◎ 侧面透视人物坐姿速写表现

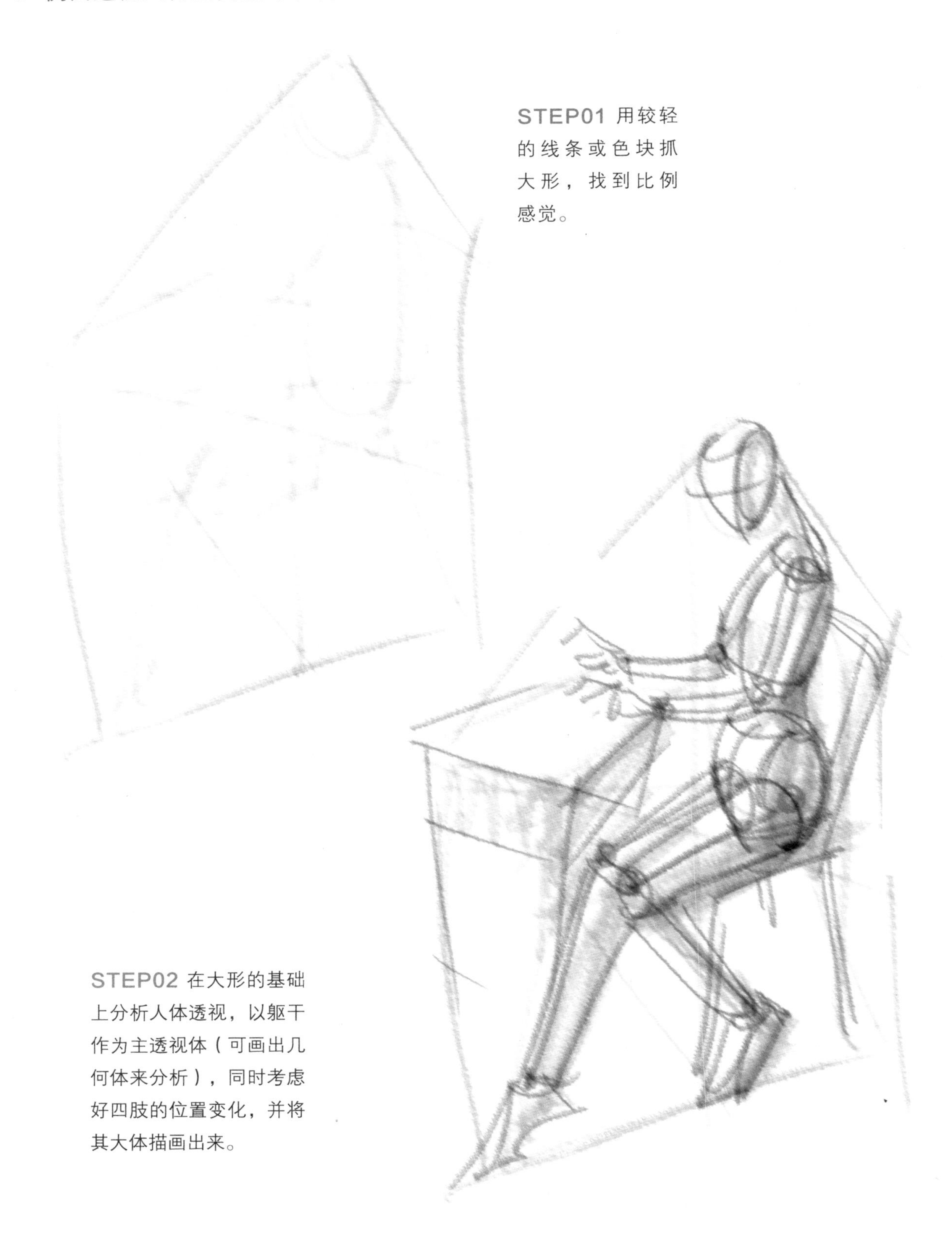

STEP01 用较轻的线条或色块抓大形，找到比例感觉。

STEP02 在大形的基础上分析人体透视，以躯干作为主透视体（可画出几何体来分析），同时考虑好四肢的位置变化，并将其大体描画出来。

STEP03 根据透视分析并参考辅助线，开始描绘衣物和关键细节。

STEP04 肯定、深入地进行刻画，注意转折的位置，适当铺点调子增加层次感，有意识地拉开前后的关系。

4.4 常用动态描绘

下图所示是常用的人体动态，初学者可多多描摹练习，争取做到举一反三，并从中找到一些动态的规律，作为实际描绘的动态推理基础，从而分析出更多的动态原理，并画出较为理想的人体动态。同样，多练习常规动态，也可以有效地提高我们观察人物动态的能力，在速写的时候能够及时地抓住动态的特征，提前预知到动态的基本运动规律，为画好速写奠定良好的基础。

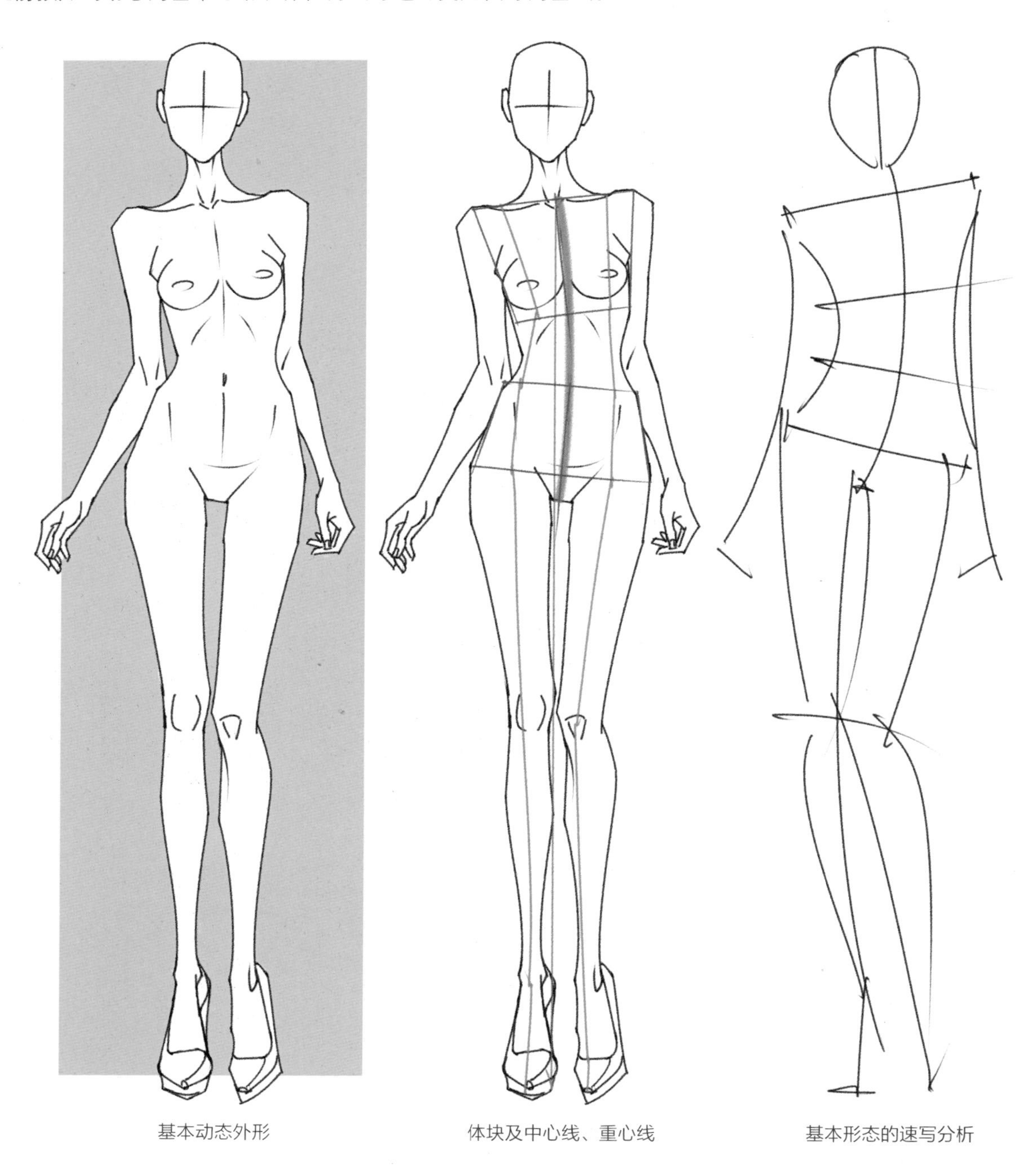

基本动态外形　　体块及中心线、重心线　　基本形态的速写分析

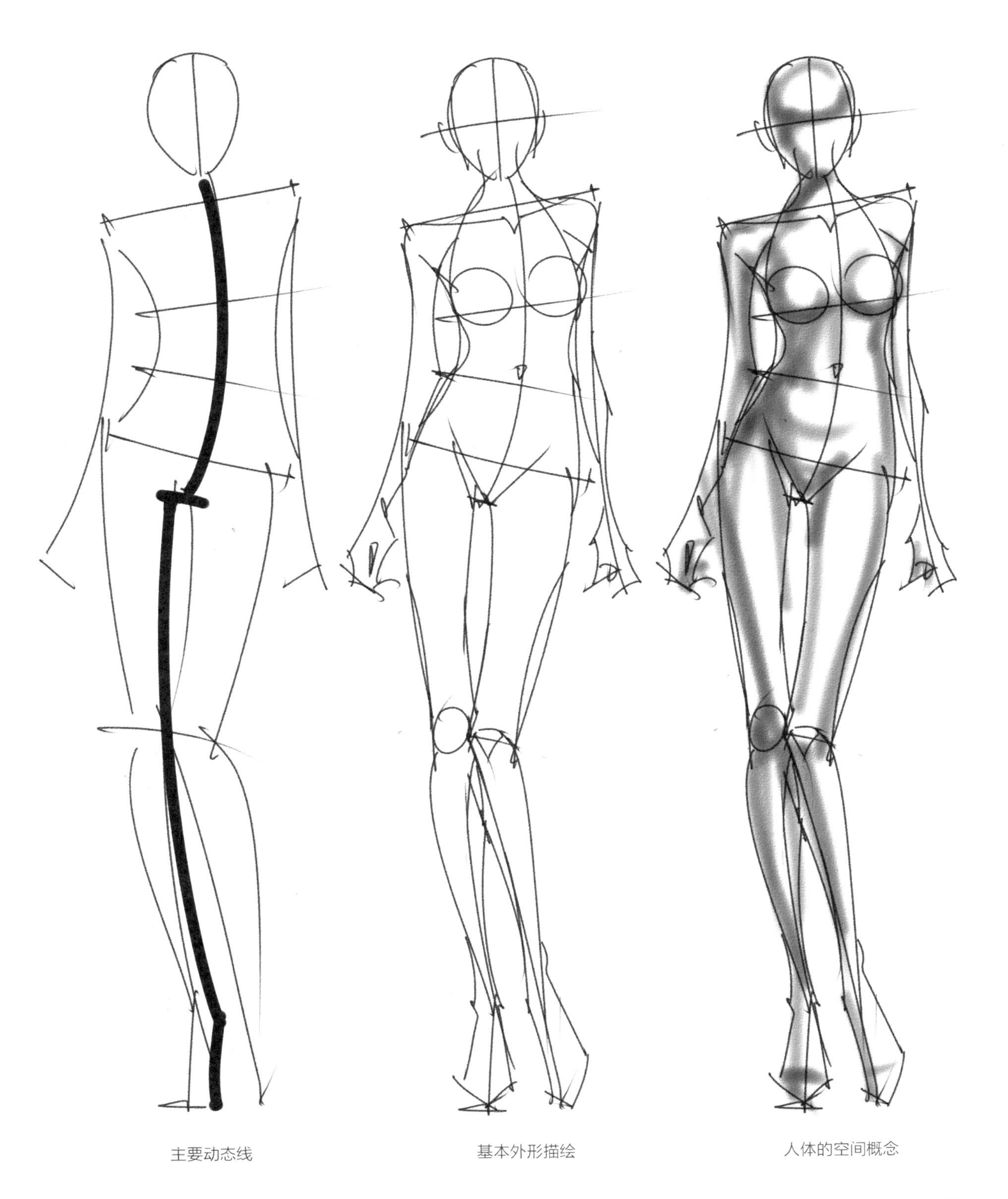

主要动态线　　基本外形描绘　　人体的空间概念

着装的比例

着装的效果

整体的明暗关系

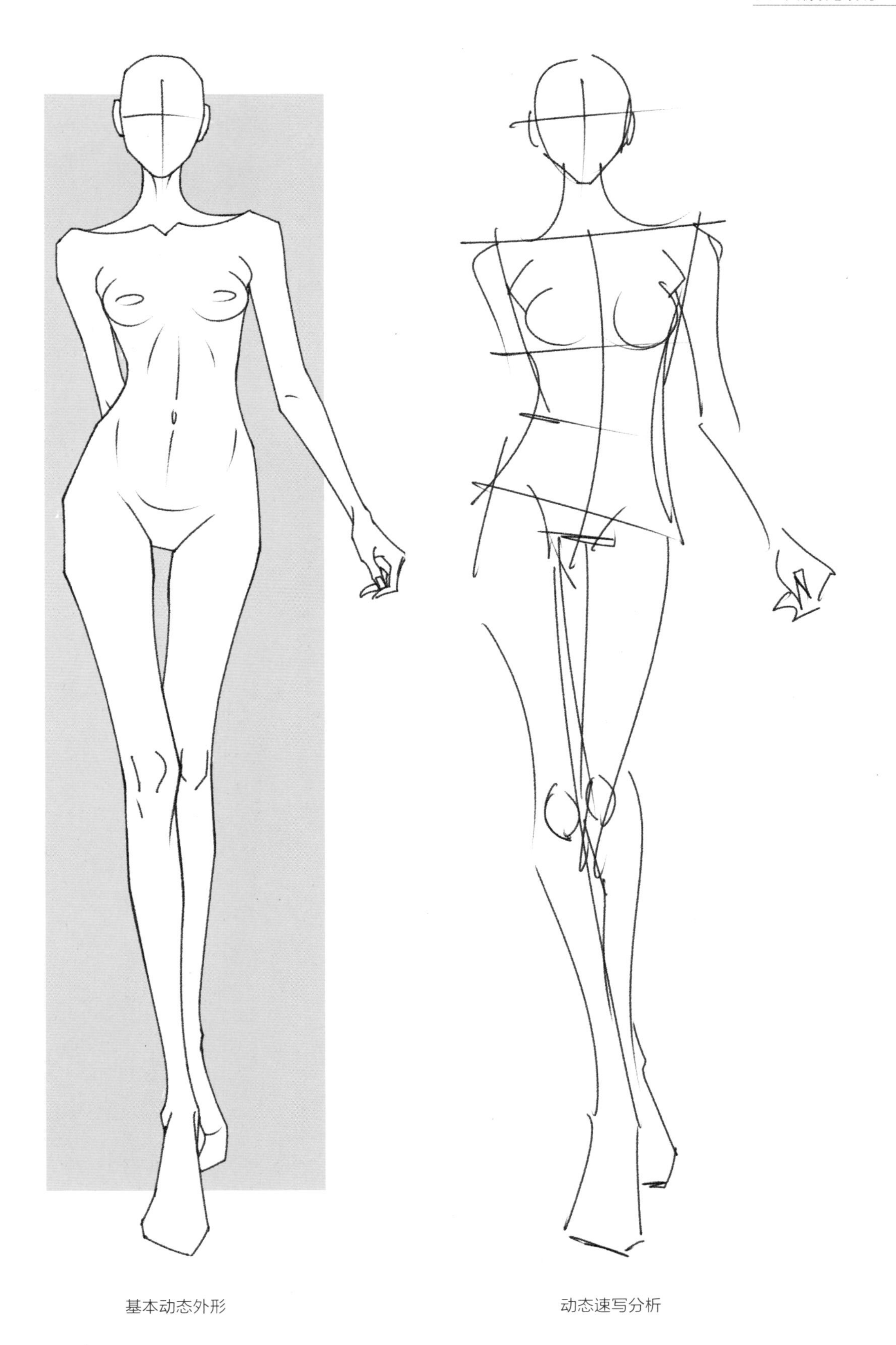

基本动态外形

动态速写分析

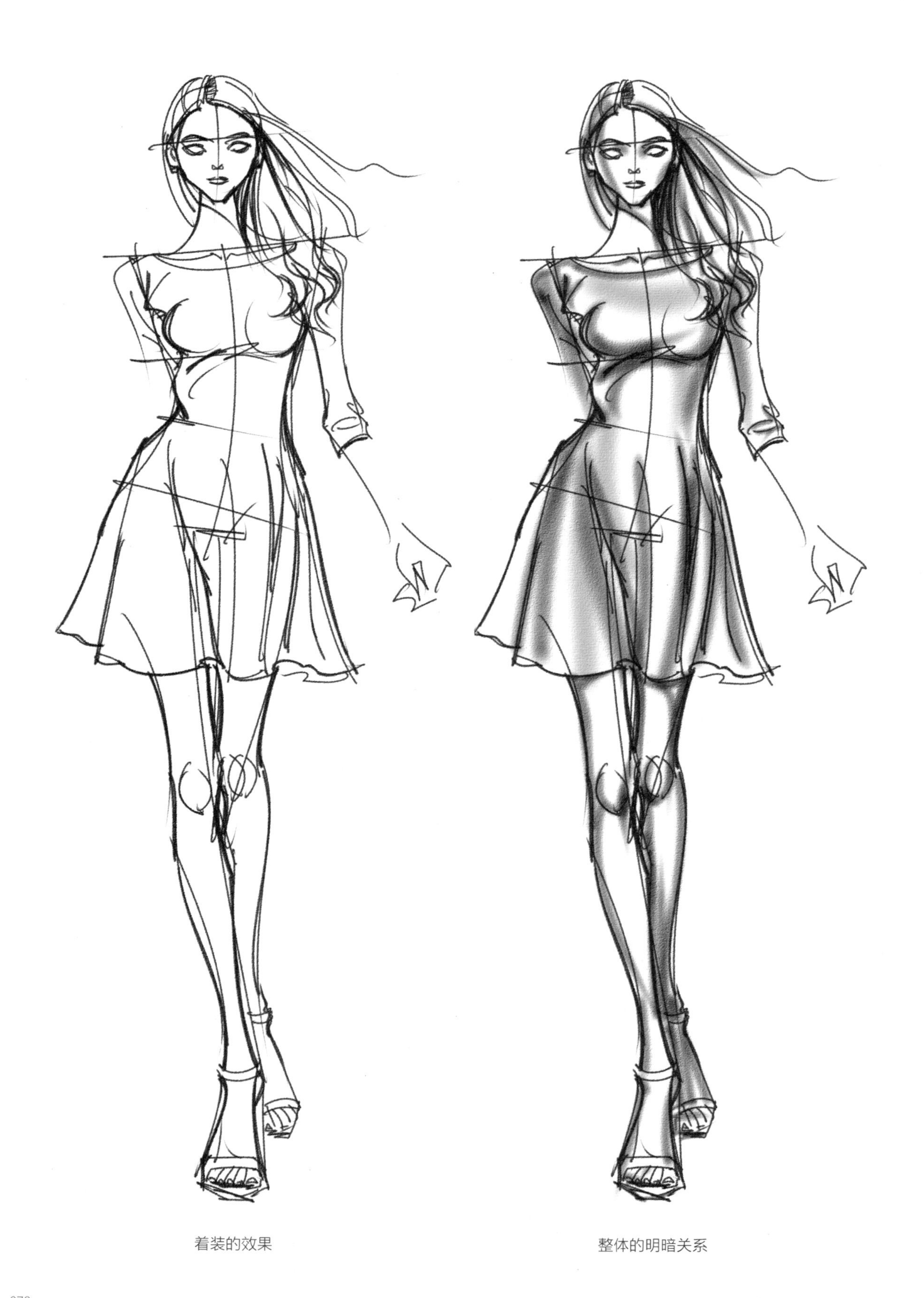

着装的效果

整体的明暗关系

侧体的动态外形

躯干动态线和中心线的分析

人物3/4侧体着装效果

整体明暗效果

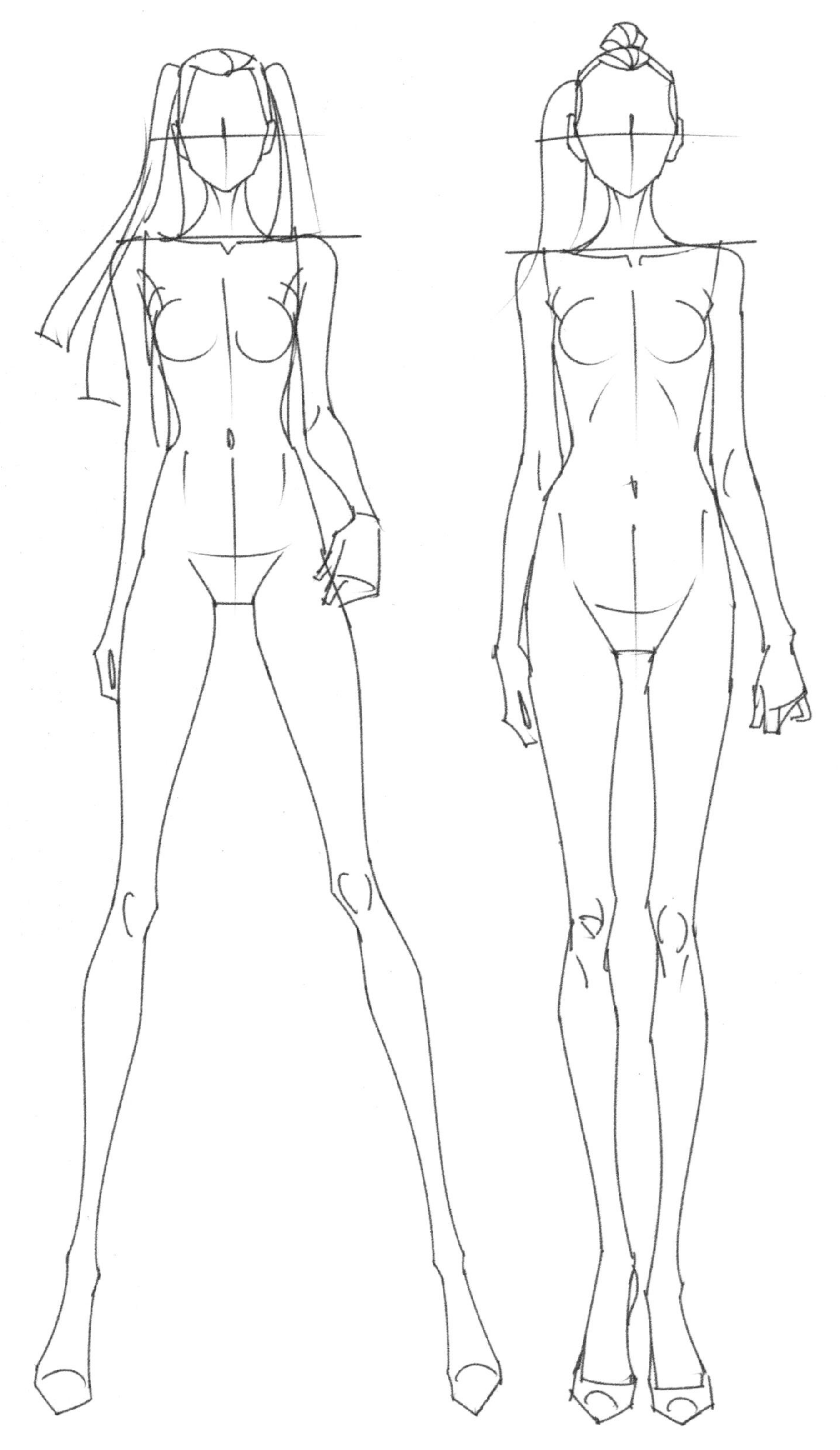

常用基本动态（一）

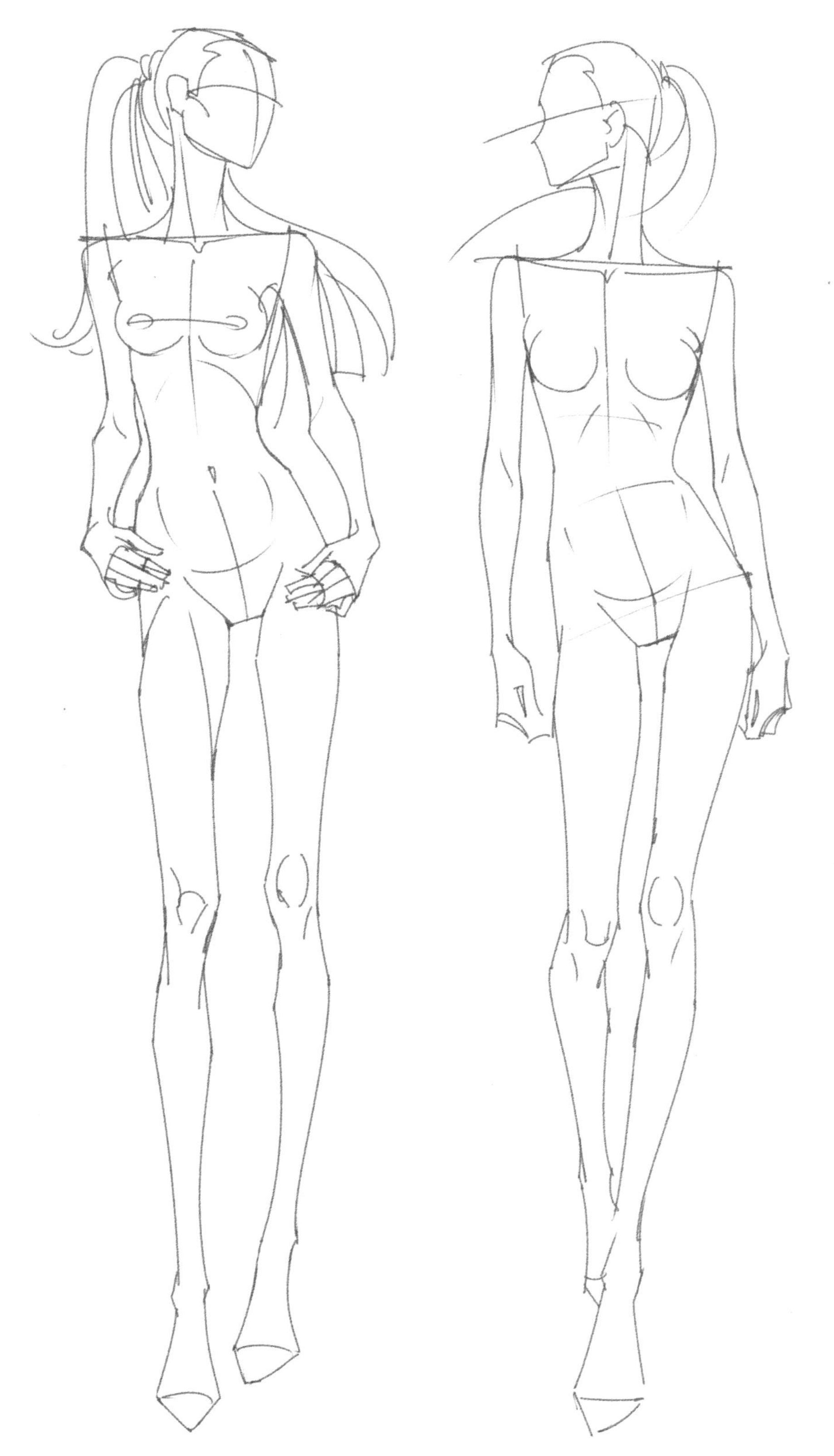

常用基本动态（二）

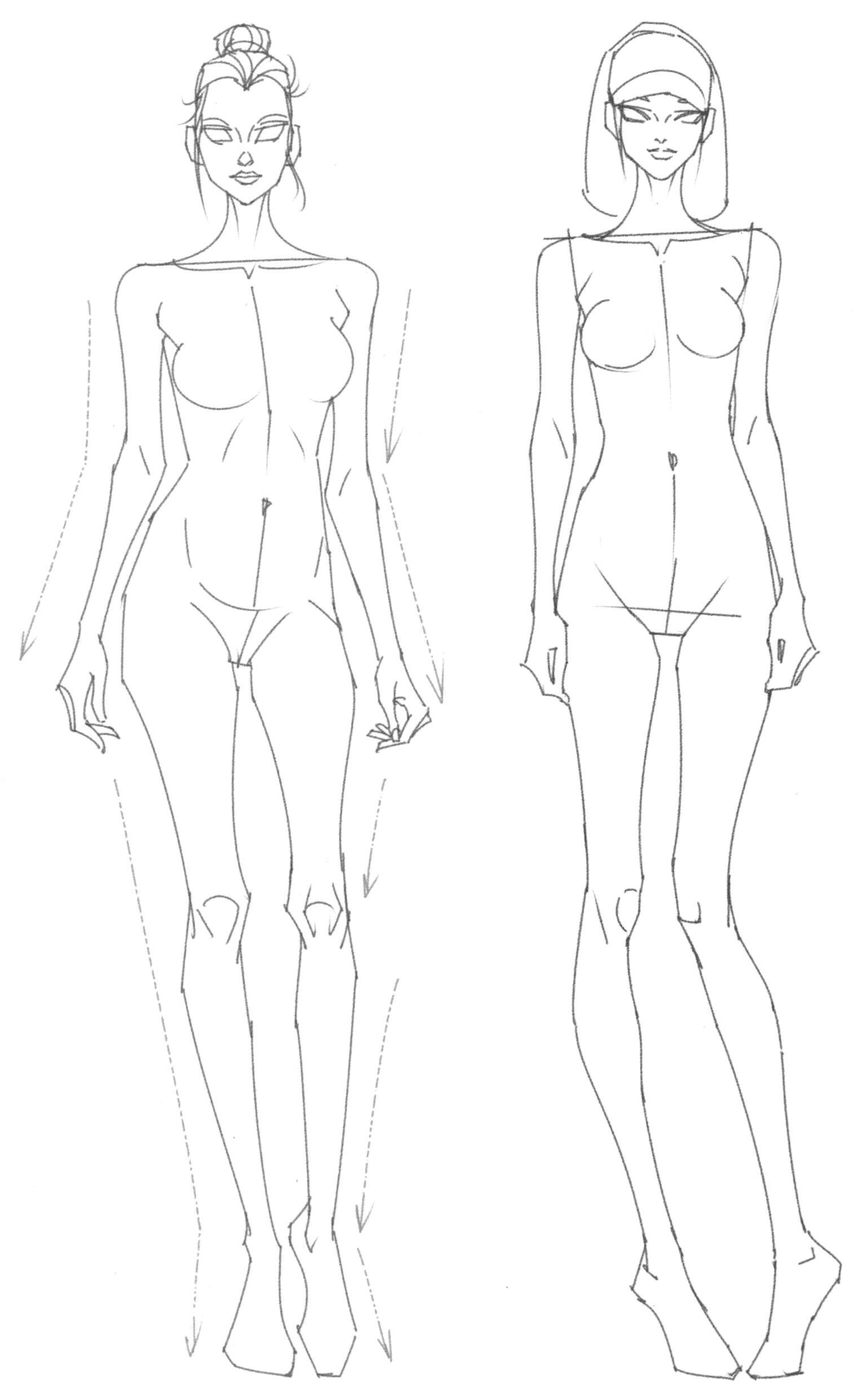

常用基本动态（三）

常用基本动态（四）

常用基本动态（五）

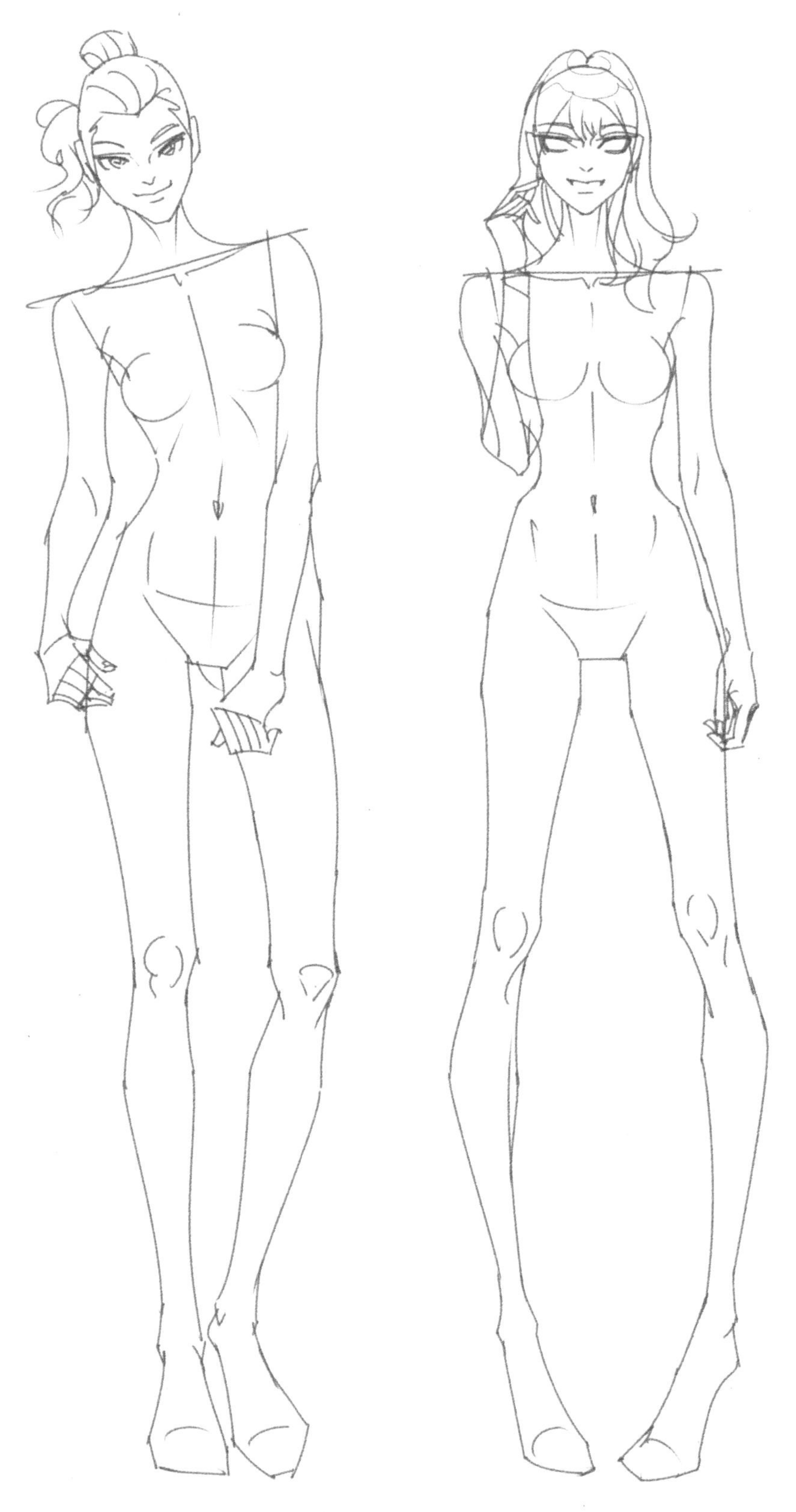

常用基本动态（六）

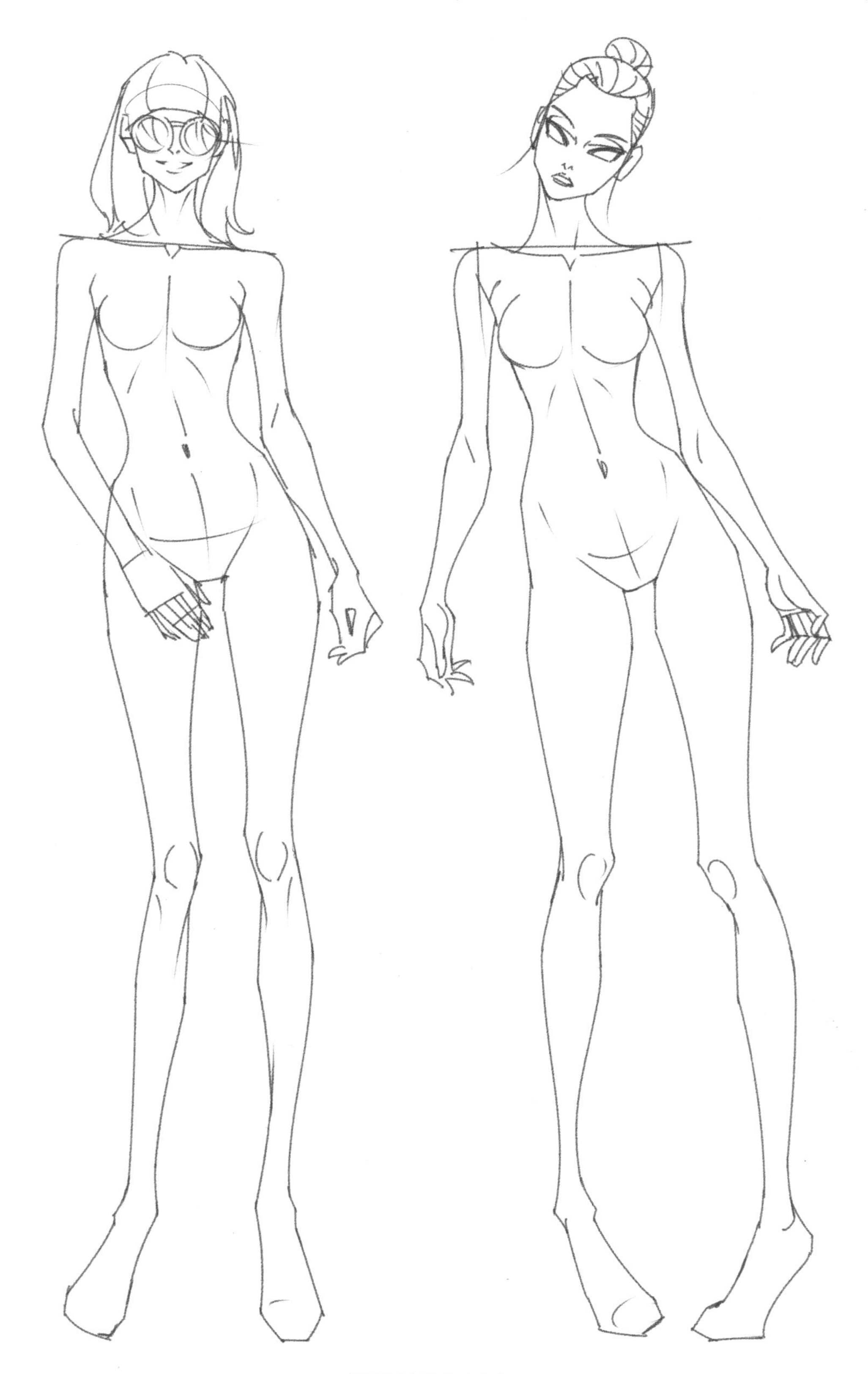

常用基本动态（七）

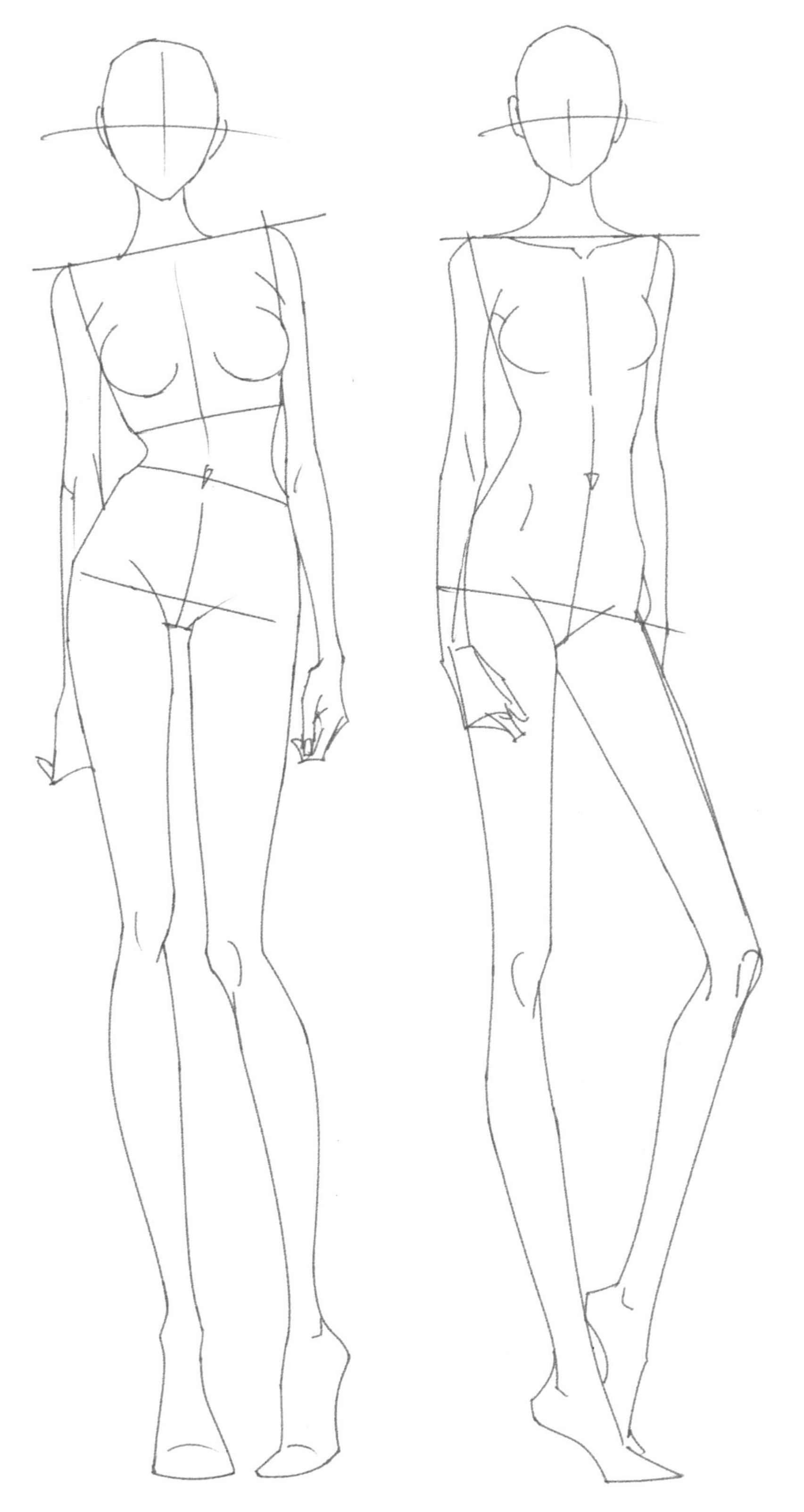

常用基本动态（八）

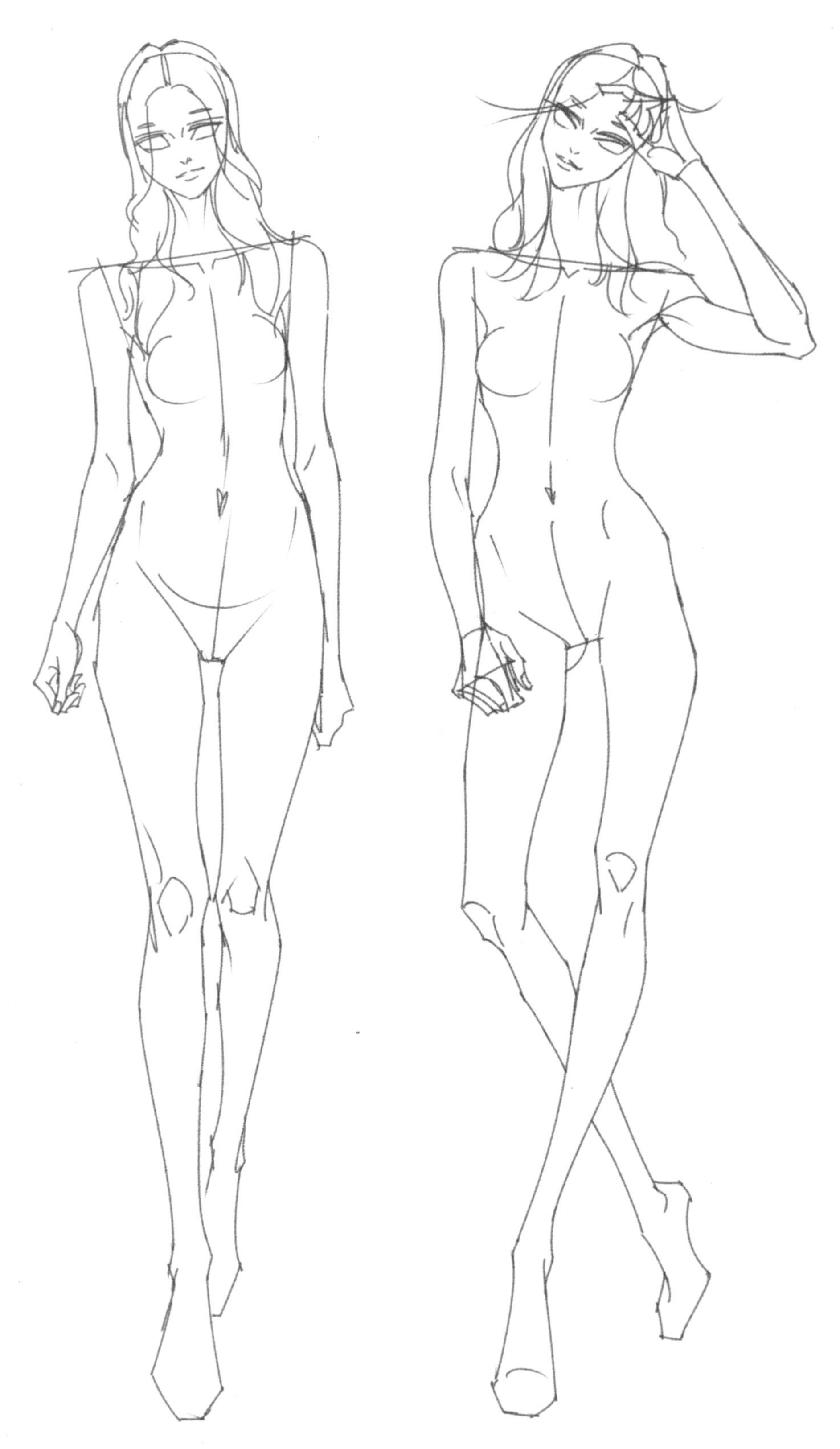

常用基本动态（九）

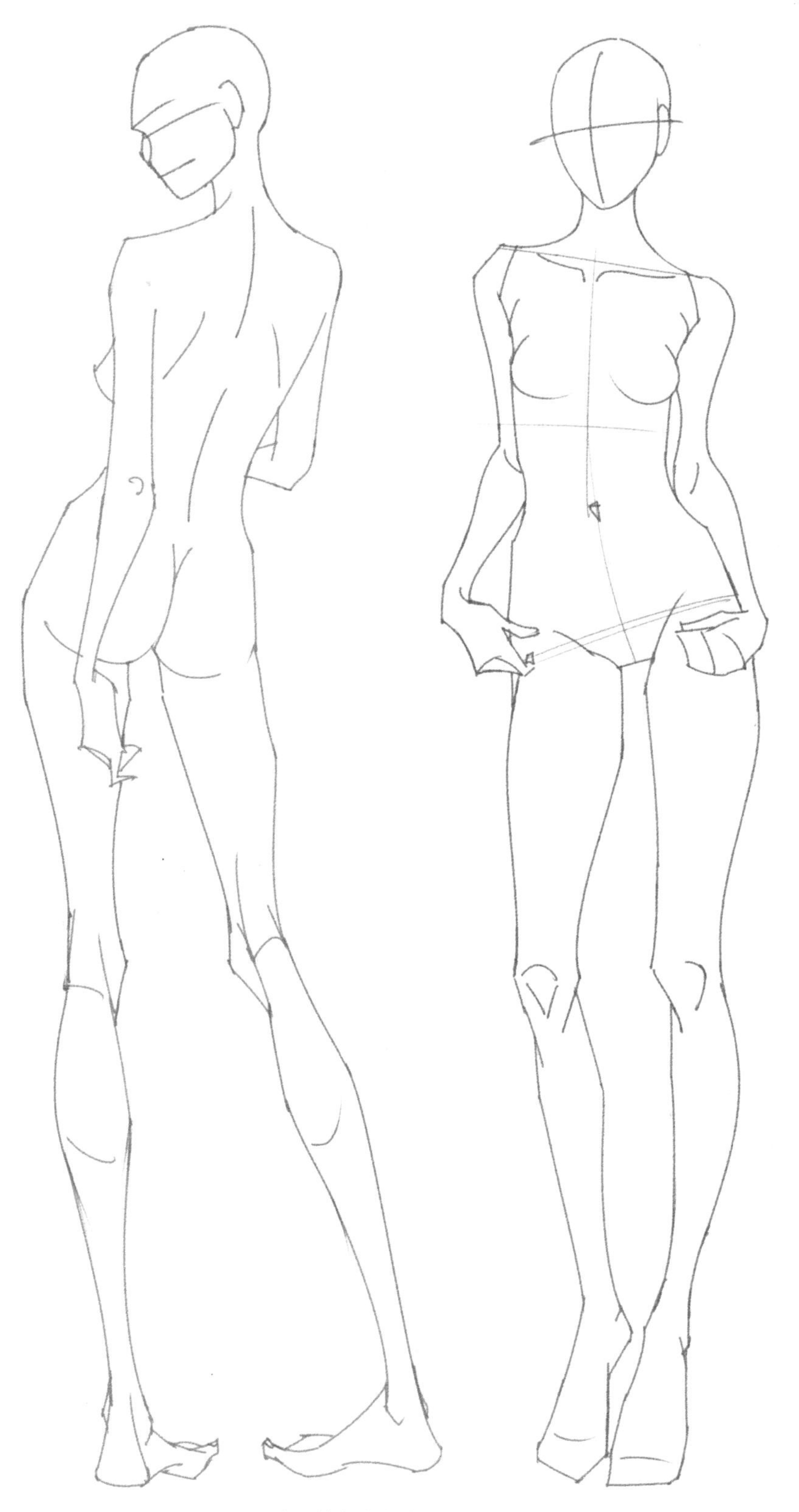

常用基本动态（十）

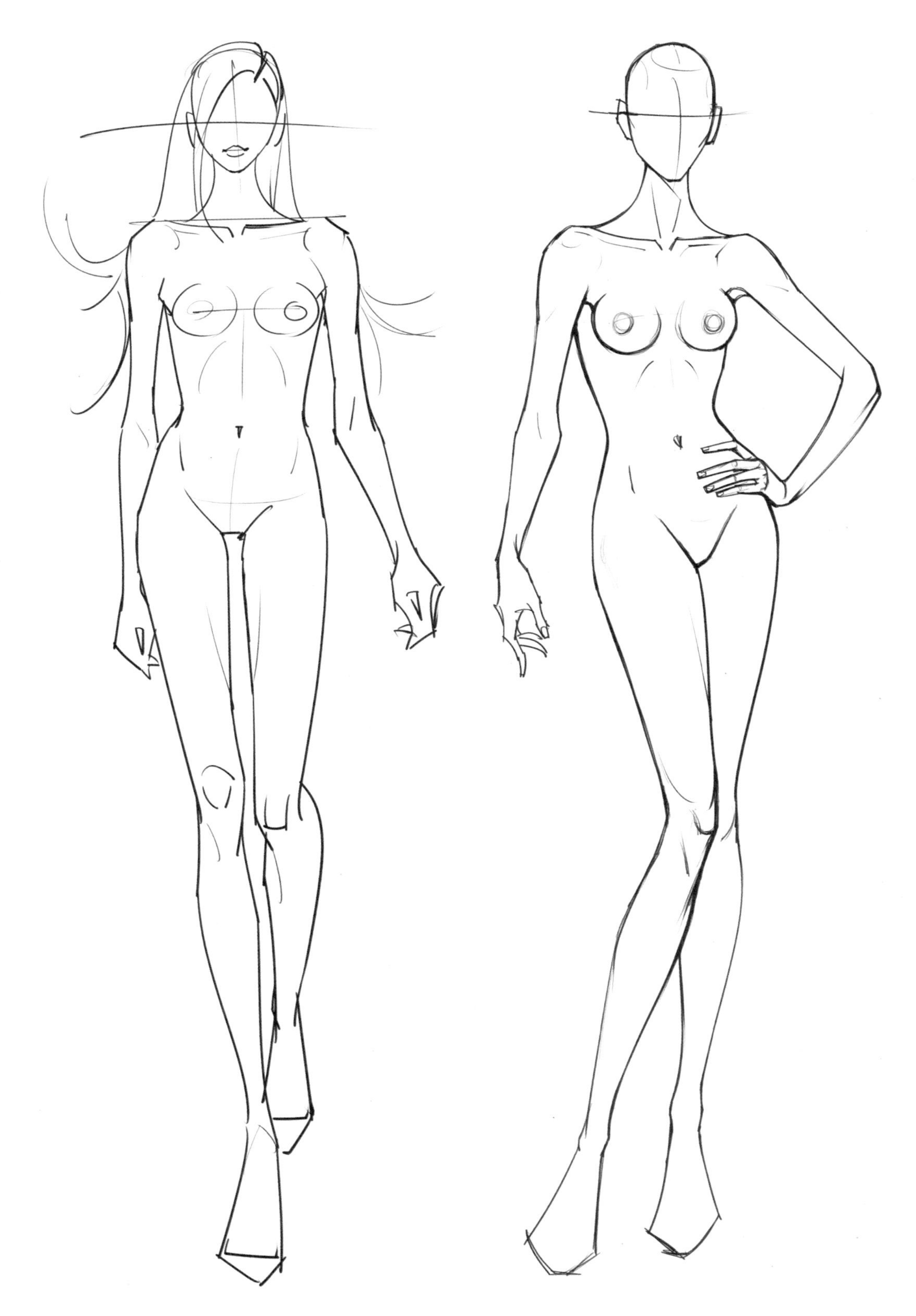

常用基本动态（十一）

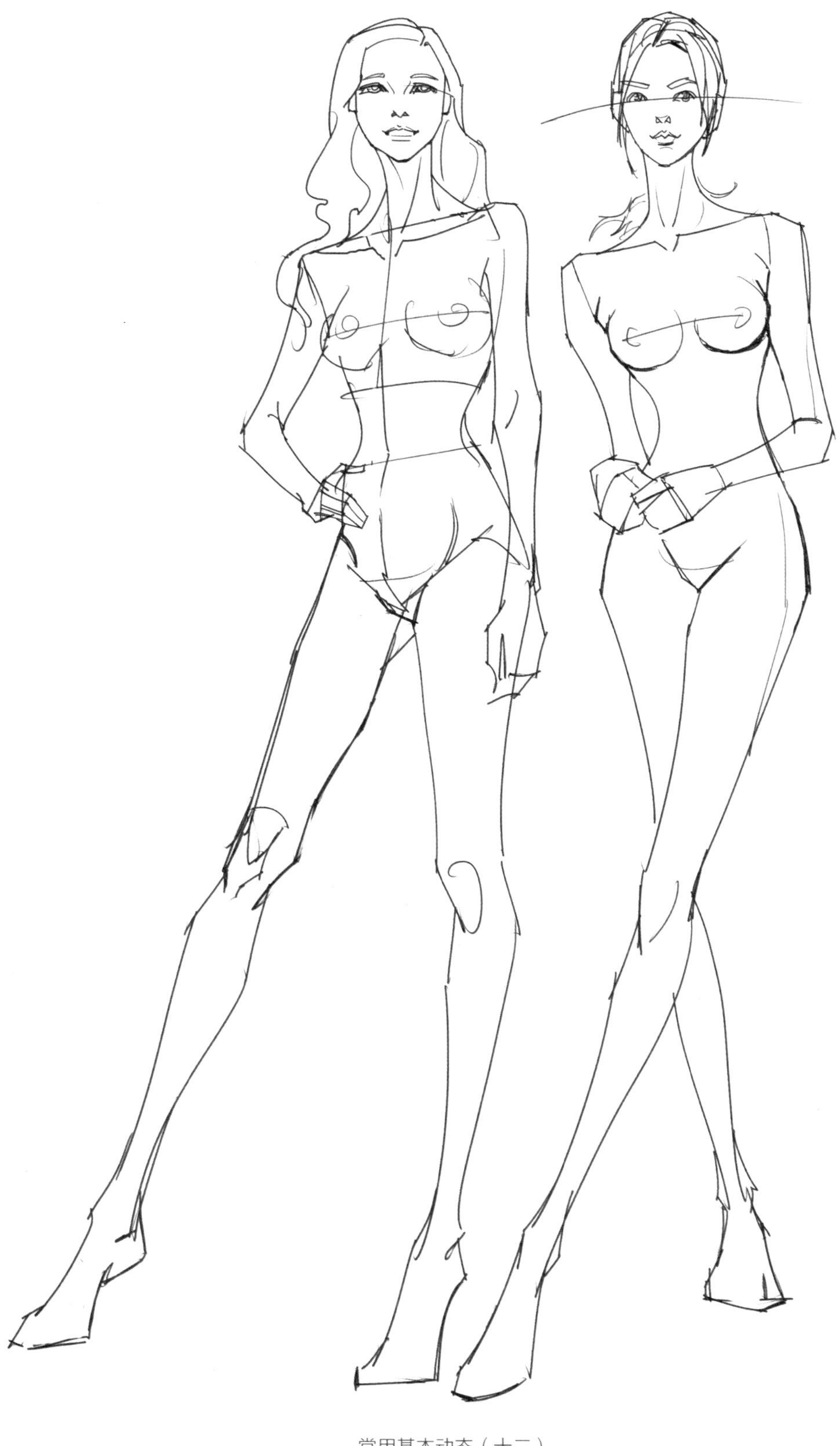

常用基本动态（十二）

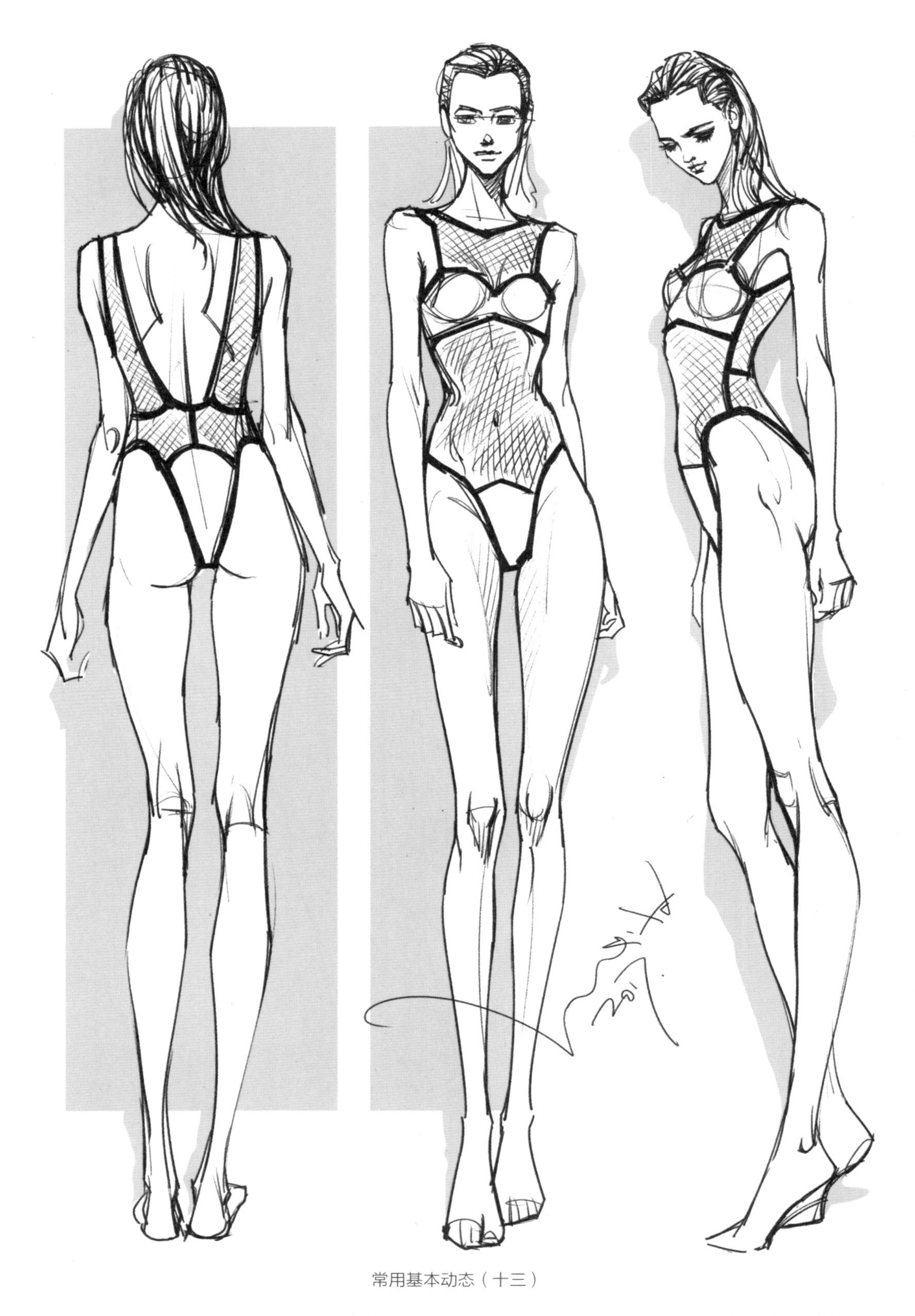

常用基本动态（十三）

多种多样的动态练习，对提升速写能力帮助很大。同时也可以形成自己的绘画偏好和习惯，并有意地加以应用。

FASHION SKETCH

基本的服装常识

服装是人体的外延和外形的变化因素，速写除了要对人体有足够的认知以外，对于服装的特性也要充分地了解，这样才能为全面画好时装画人物速写打下良好的基础。

5.1 对服装的理解

对于时装画速写表现，若能对服装做到心中有数，就可以更加专注于捕捉人物的动态和造型，获得不错的速写效果。对服装的了解并不需要进行深入研究，只需要掌握一些基本常识就可以了。

从人物的结构和动态变化中找到人与服装的关系，提高速写的能力。

5.1.1 服装的基本常识

根据一年四个季节的温度变化，将服装分成春夏和秋冬服装款式。春夏服装的衣料偏薄或透，以凉爽的面料为主，相比之下秋冬服装的衣料就偏厚，注重保暖。一般而言，春夏服装的颜色较为亮丽，而秋冬服装的颜色则比较暗淡。

在描绘的时候，表现春夏服装的笔触多以轻快为主，表现秋冬服装的笔触自然是粗犷浓重一些。

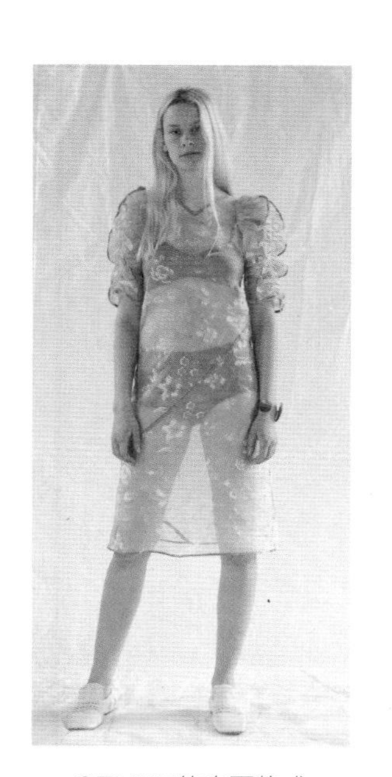

CELINE的春夏款式

BURBERRY的秋冬款式

根据服装的搭配将服装分为内搭和外穿、上身装和下身装的款式。了解服装内、外和上、下的用途，作为描绘时用笔轻重的参考。一般而言，内轻外重、上轻下重的描画效果较为得体，但不可一概而论。

内搭和外套

上下配搭

服装的基本品类可按用途、年龄、性别、种类等进行区分，如职业装、校园装、劳保工装、情侣装、生活装、婚纱、晚装礼服、运动装、军服、童装、男装、女装和中性服；牛仔服装、西服、休闲装、泳装、内衣、皮草装、风衣、家居服、猎装、旗袍、中山装和民族服饰等。

针对不同用途和品类的服装，在描绘时同样可以使用不同视觉效果的笔触进行表现。例如，童装可以使用柔和圆润的笔触，男装则使用概括肯定的笔触等。

5.1.2 一般服装的细节与结构常识

服装的细节：领子、袖子、袖口、下摆、腰节、脚口、口袋、袋盖、袋口、扣子、拉链、衣褶、门襟等。

领子、袖子与人体关系

衣服主要分割线：袖笼、前片、后片、公主线、侧缝线、省道等。

服装款式的结构分割与人体构造的关系

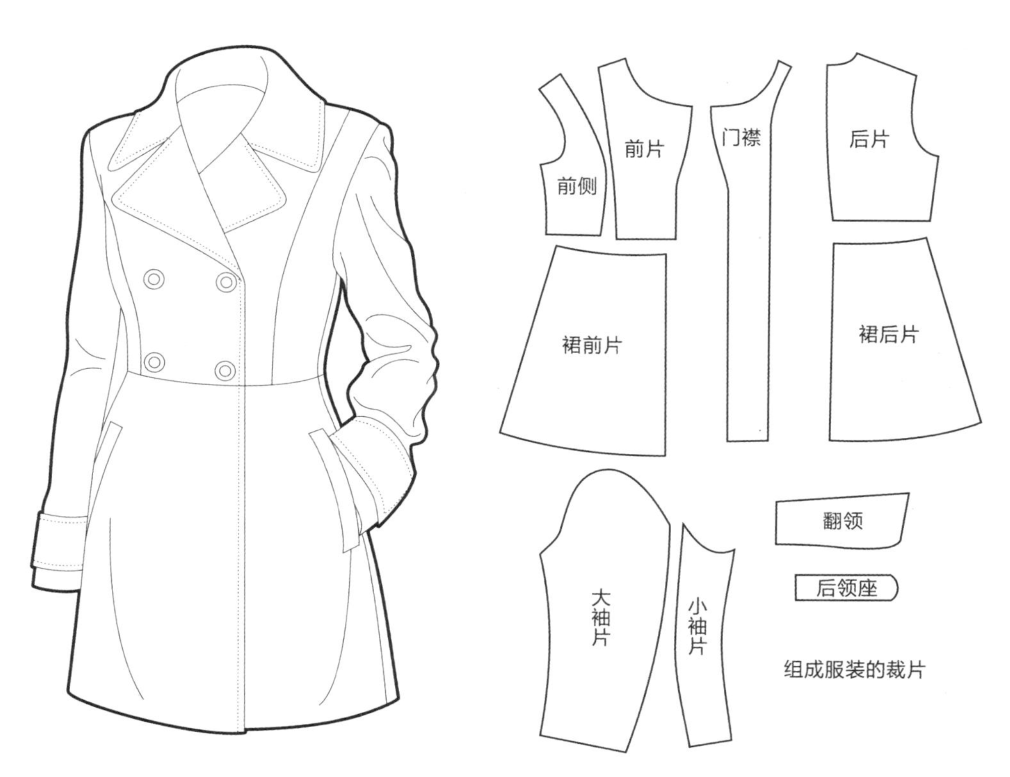

组成服装的裁片

衣服的组合分割概念，片与片之间互相连接、缝合形成了服装的“体”

5.2 着装状态的形象特征

人体在着装状态下身体的外轮廓造型会有不同的形象特征。

下图所示的剪影就是不同着装状态下的外观效果。通过黑白剪影的形式更容易体会到人体与衣装的特殊关系。在着装状态下，往往通过外观就可以读懂所描绘的对象的很多重要信息。

图例为观察对象的剪影效果

在速写里，常常强调迅速抓住对象的外观轮廓，其实就可以理解为“剪影”。

轮廓剪影去繁就简，更便于观察（左图的线段简洁，右图线段繁复）

5.3 常用的衣褶表现形式

人体在着装的状态下服装所产生的衣纹、衣褶的变化是类似的，常常也表现出一定的变化规律。这种变化规律，正是我们可以将其作为一种固定的概念形式来掌握的。

下面的图例就是一些常用的动态衣纹衣褶效果。

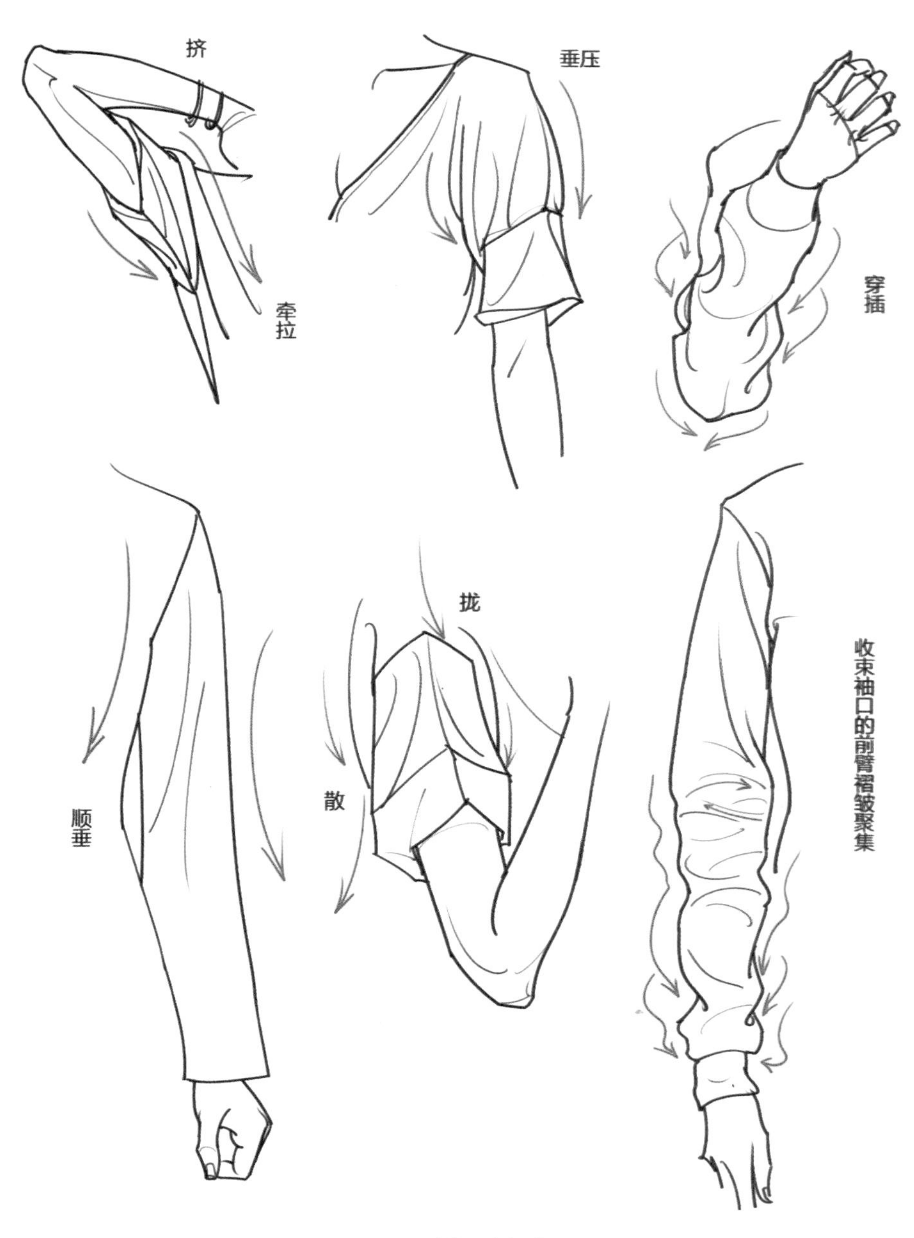

上臂常见衣褶效果

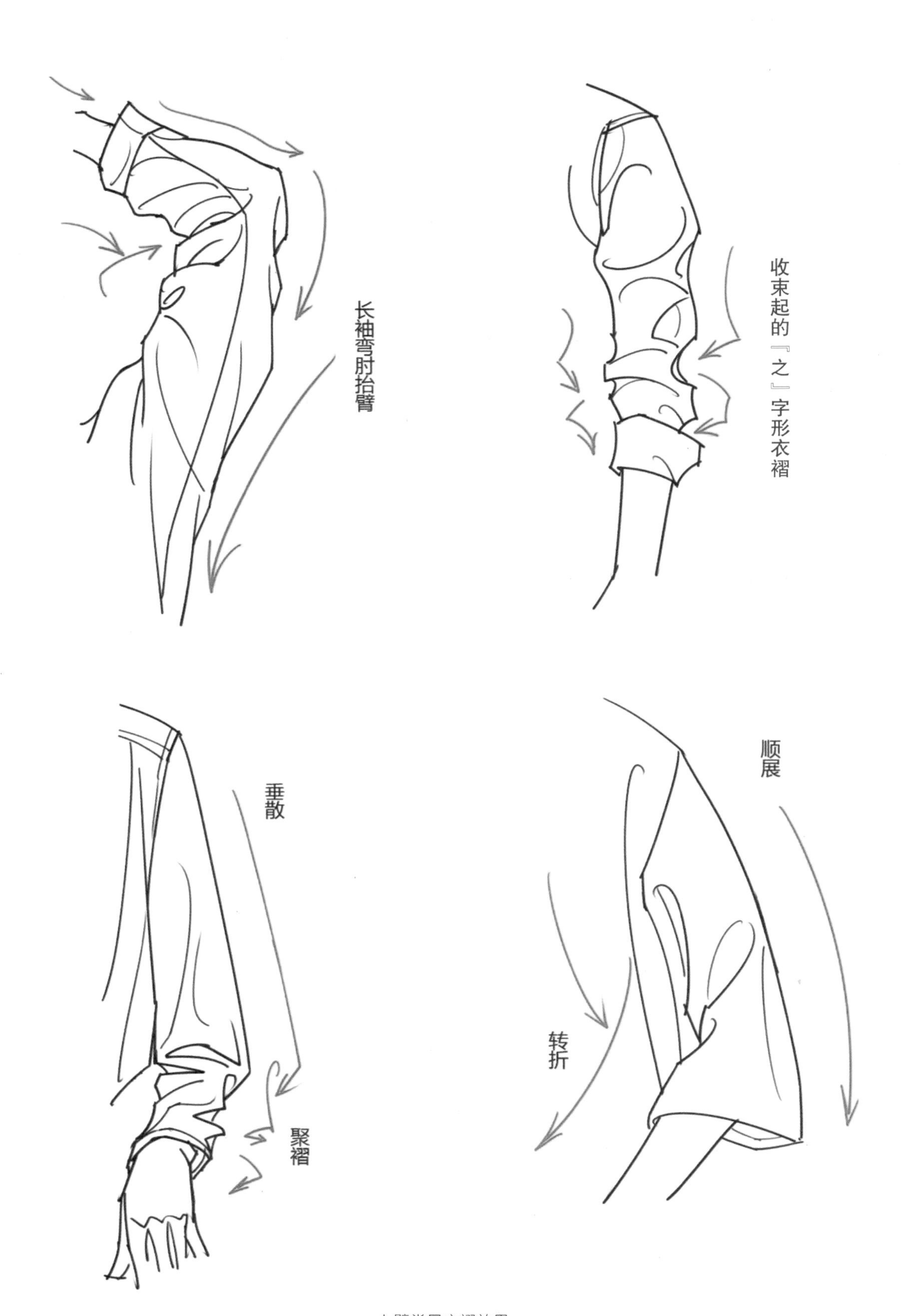

上臂常见衣褶效果

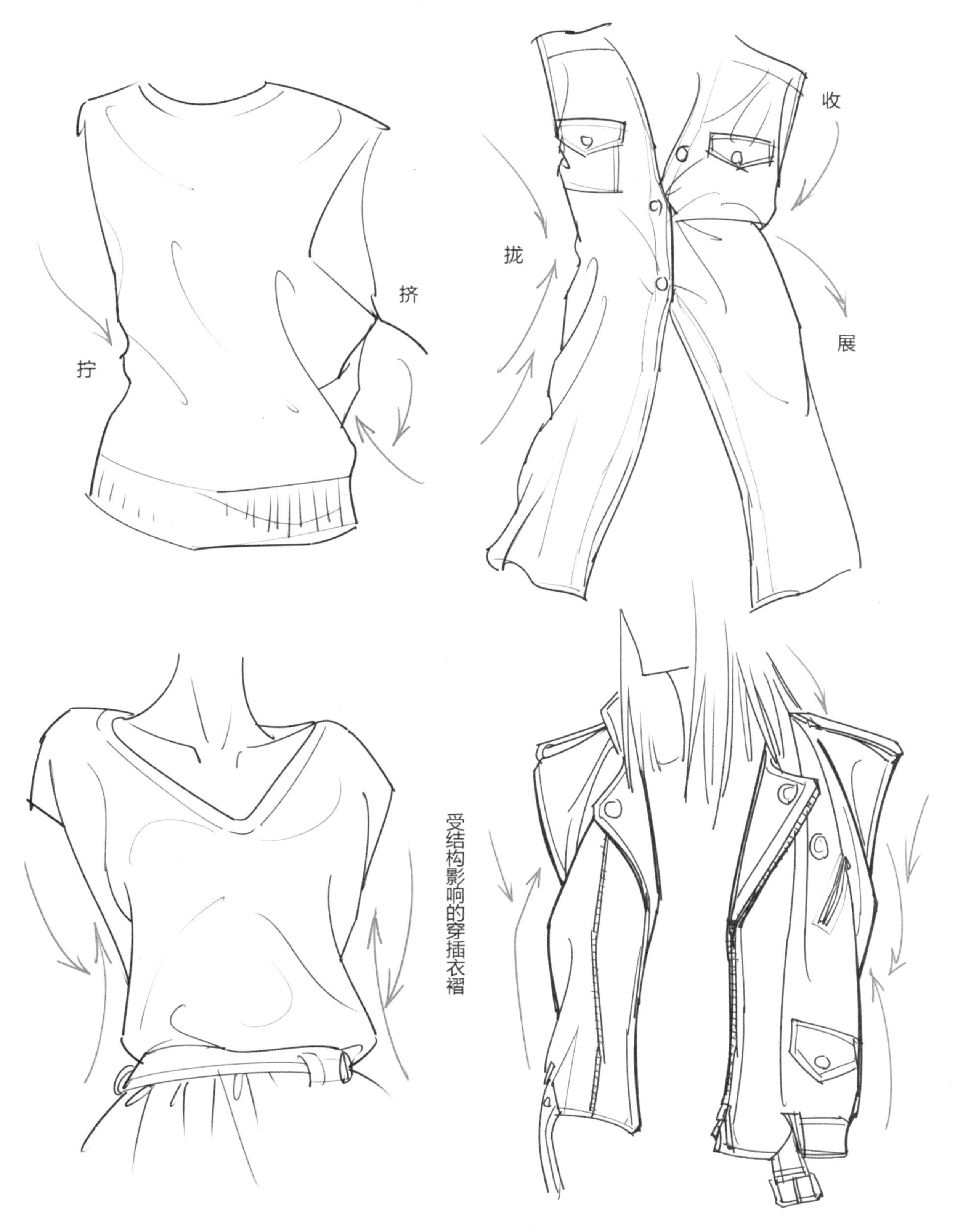

躯干部位的常见衣褶效果

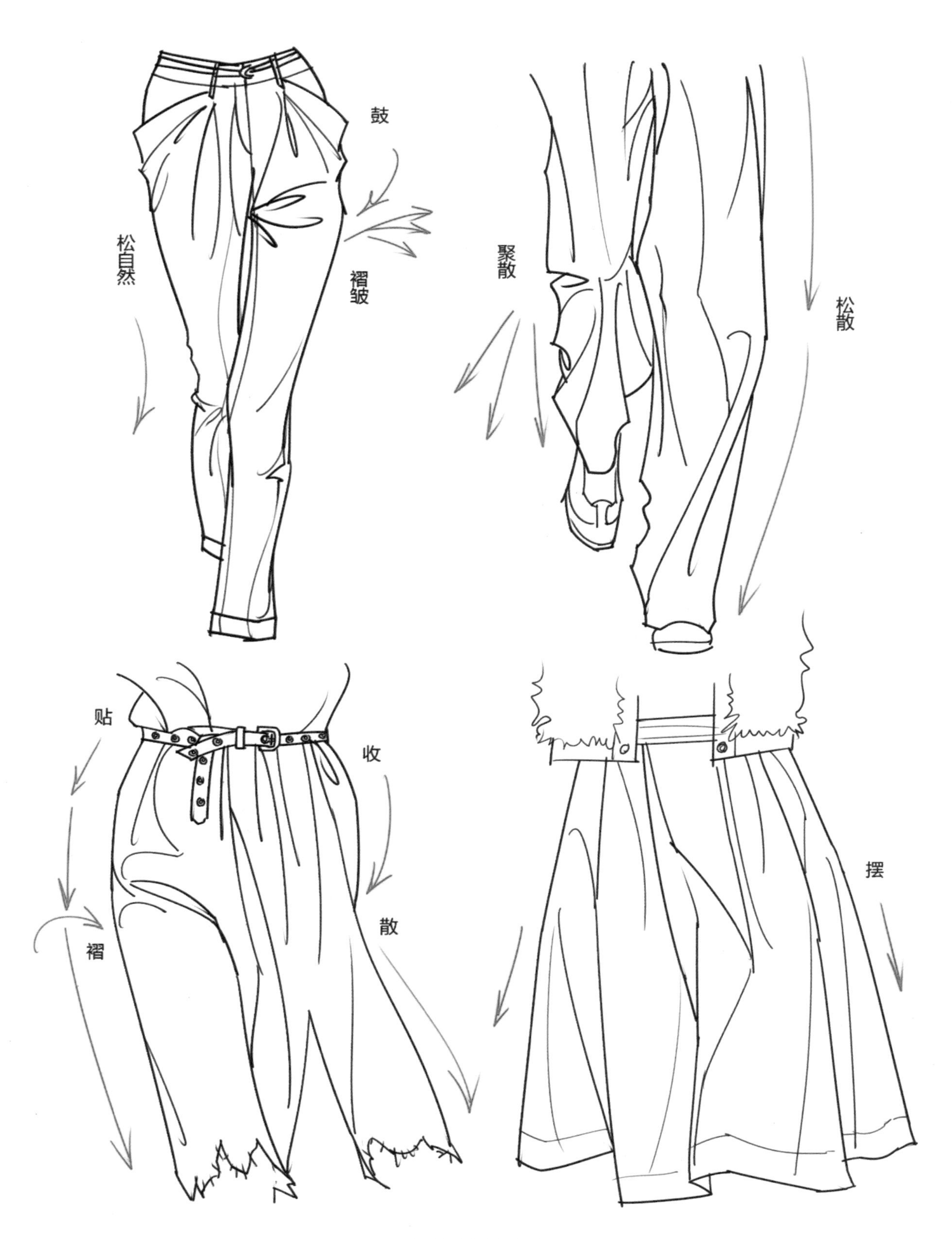

下肢常见的衣褶效果

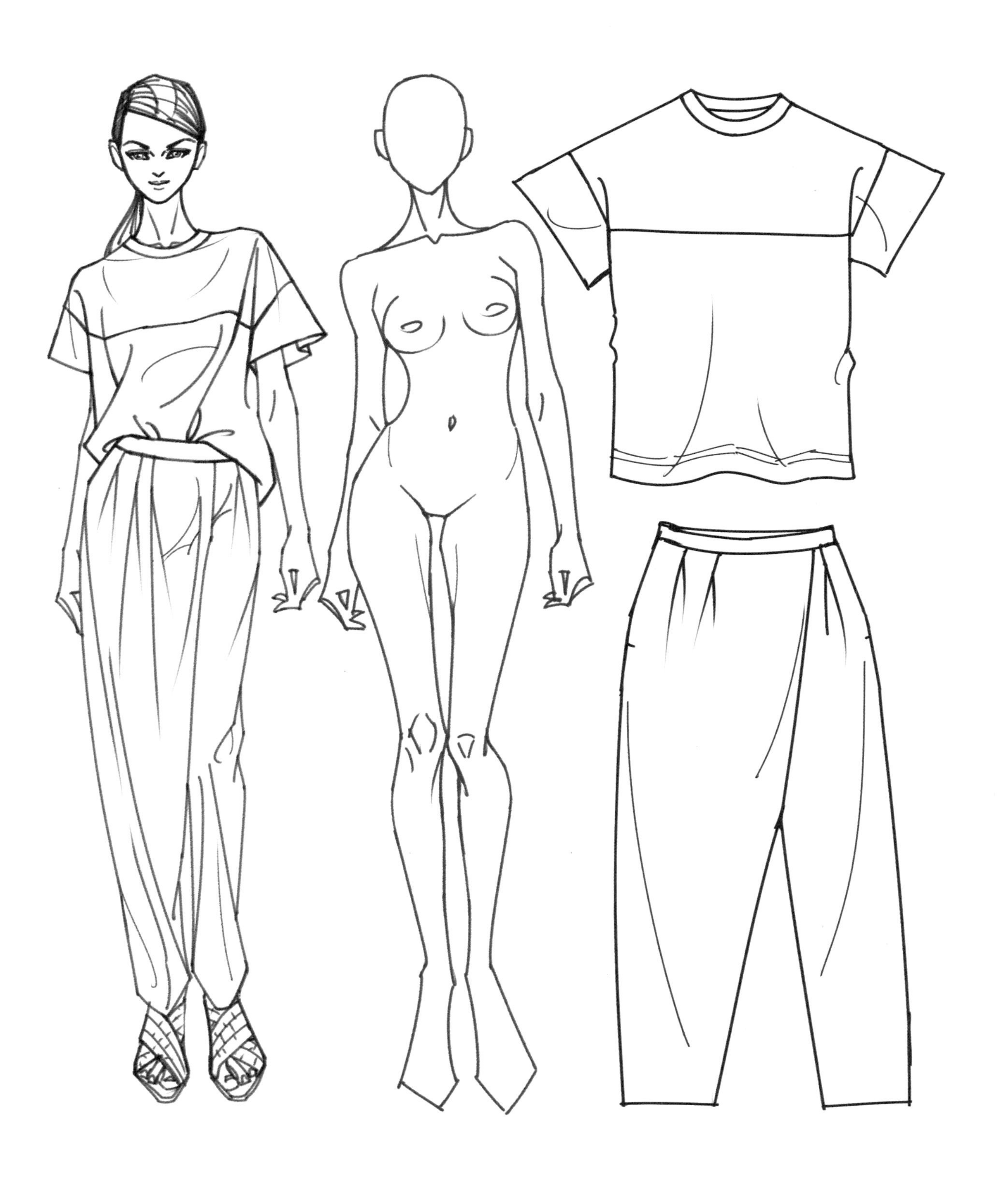

衣纹、衣褶与人体结构的关系

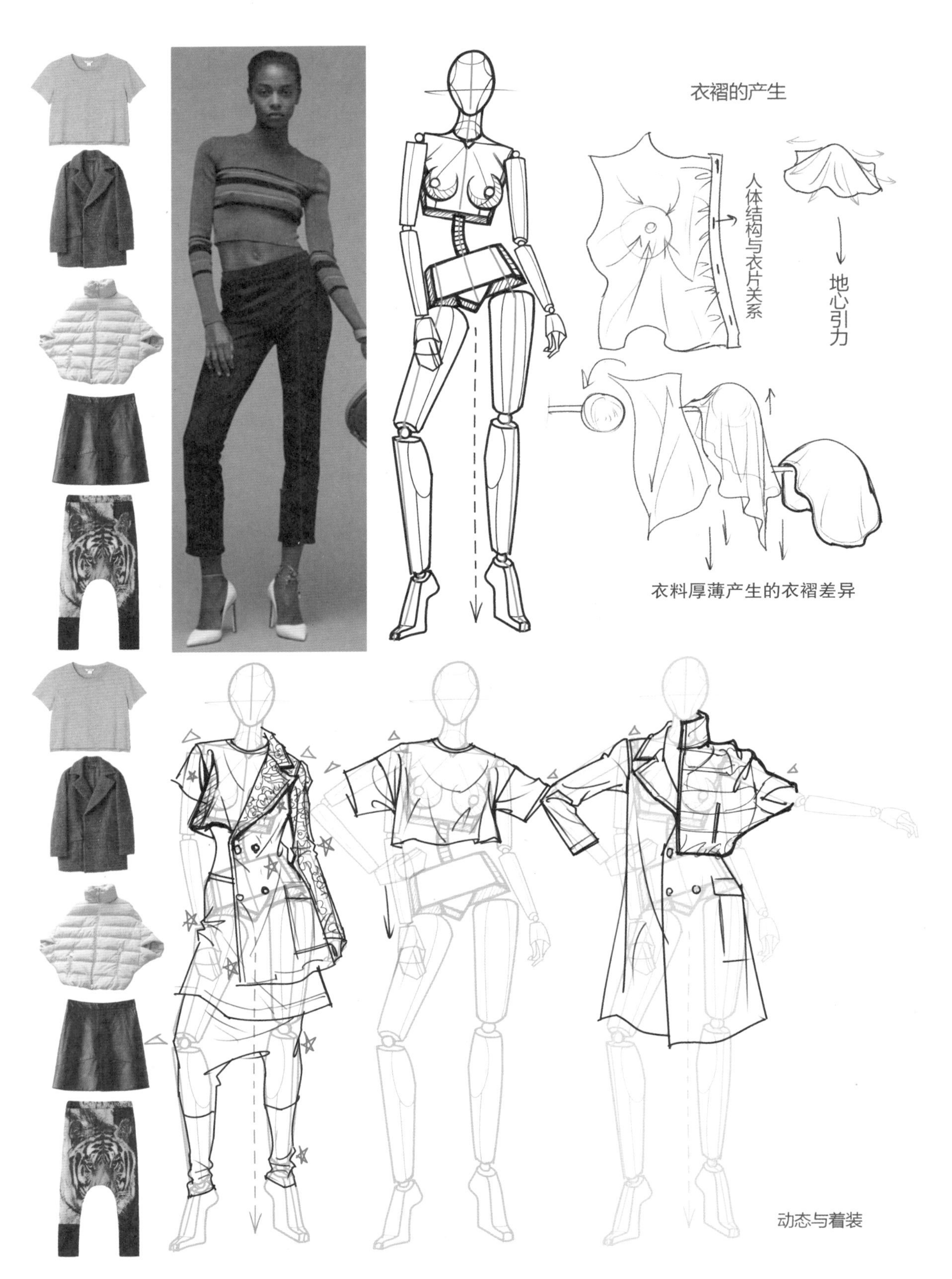

衣褶的产生与人体的动态

5.4 服装的速写练习

通过对服装款式的不同状态进行有目的的速写描绘，加强对服装的了解和认知，提高对各种服装的款式比例和面料质感、质地的绘画体验。由此积累对服装的感知印象，为画好时装画速写打下一个良好的基础。

服装与人体的关系

对现代服装成衣的速写描绘，可以较为深入，也可以抓大型、描大体，去体会服装的比例、质地效果和设计风格。

对不同款式和风格的
速写揣摩，是锻炼时
装画速写的好方法。

对服装款式或细节进行局部的研磨，

有助于加强人物的着装描绘。

加强不同款式的速写练习，以增强对服装款式的感知能力。

服装的品类，往往是一种款式一种风格。速写就是最好的体会形式，绘制时间不长，但印象深刻。

FASHION SKETCH

06

速写原理与方法

速写描绘的基本原理：观察对象后产生暂时性的形象记忆，结合原先已掌握的绘画知识和表现技能在较短的时间内所形成的描绘效果。虽然速写的“速”字是相对而言的，但这个特点还是决定了对描的绘对象不会进行太过于深入和细致的刻画，而更多的是以大体效果为主，细节描画倒成了辅助的部分。因此速写实际上就是“瞬间记忆默写 + 快速绘画素养”的结果。

6.1 记忆

对所描绘对象的形象、形态和动态进行记忆，并通过描绘再现。记忆并非说描画的对象是熟悉的，或是通过再次描绘回想上次的经验。其实记忆包含的意思是记忆类似对象的共性原理（如人体动态的运动规律），然后结合所描绘的对象特征去描绘，才是所讲的记忆的实际含义。记忆是积累和储存的过程，随着不断的实践和学习，记忆会持续地增加且升级更新。

在速写时，而脑子在回忆着过往的形象储存，手随脑中的印象下笔。这是一个基本功，是锻炼记忆、提取形象思维能力的好方法。

根据左图默写

记忆也是进行创作和培养想象力的有利武器。

6.2 绘画素养

这里所讲的绘画素养是指对人物造型的绘画能力，掌握基本的描绘表现技法。即对于形体的外部特征、构造以及由于光影产生的明暗效果的理解，使用绘画语言来表达人物的空间关系、色彩关系等，并将自我体会和感受融入到画面中去，使画面产生共鸣和感染力。总的来说就是画面效果既要反映所描绘对象的特质，又要具备一定的感染力。

平时的绘画训练，能够让我们积累更多的绘画经验。在进行速写的时候，也许是刻意的，又或者是不经意的，这种绘画能力就会自然而然地呈现出来。

人物形态描绘

注重人物结构的素描绘画

物体的明暗关系练习

一般色彩与光影的关系练习

特殊材质的素描练习

环境的速写描绘

6.3 常用的速写三步曲

速写作为一种绘画形式，其本意并非是以画的形式出现，而更像是画家创作过程的记录本。更多的时候，速写不需要对外展示，主要是自己使用。那么如何画呢？无所顾忌就好。

既然是无所顾忌，是不是就是随笔涂鸦呢？笔者认为，既然是作为记录的速写绘本，无论是里面的构想记录，亦或是所见的随笔描绘，还是刻意的灵感碎片的详细绘制，这些速写、速画的东西都一定包含了看的体验、思考的心得和尝试的效果，而这些正是速写存在的真实意义，这就是我认为的“看、思、行”的速写概念。貌似随意，实则是不显山露水的从容，是速写的关键和魅力所在。

所以，速写实际是在践行**“一看二想三尝试”**的速写**“三部曲”**过程。

第一，是要解决“看”的问题，如何看，怎么看？

看得准，就会刻画得肯定，下笔就不会犹豫不决。要具备这样的能力，除了对动态有敏锐的洞察力外，平时要经常对周围人物的结构和动态规律做到有意识地去观察，这既锻炼了眼力，也是“看”的储备。通过有意识的锻炼，可以在速写时尽快进入状态，也能够随时提取有用的记忆。

看整体，就不会被琐碎的细节干扰（如果是现场速写更是如此），画面就能够捕捉得迅速而完整。否则，速写时如果只关注到细节而没有看到动态的全部，当人物产生动态改变时，绘者就会陷入到手忙脚乱而无法善终的被动境地。

看对象的大形和基本动态

第二，就是要思考如何能更好地在画面中体现对象的问题了。

这里面包含着这样的一些信息，思考即是思考所看到的对象，迅速将平日的绘画知识做个回忆和筛选，并及时加以利用。比如，人物对象在坐着的时候，体块变化的规律、特点以及人体的形态外观是怎样的呢？这些都会在观察的同时涌现在我们的脑海之中，时刻辅助和影响着一笔一画，甚至还能够预料到相关技法的最后表现效果。虽然我们常常会在速写中获得意想不到的惊人之笔，但提前预想能够带来更多的惊喜。

在速写时，看到对象的同时就能了解形态的结构和动态的规律，这都是以往经验的积累。

第三，就是速写的“尝试”了。

说起尝试，如果绘制的内容和我们以往的经验有所不同，难免会让绘者有些慌乱。当我们所观察到的对象的确是用以往的描绘经验不能更好地去表达的时候，那就需要我们换个方式来进行描绘。这就是“速写”的乐趣，这样的突变会带给我们不一样的体验或是意外的灵感收获。也许经过这次尝试，一个新的绘画形式或是创作手法就此诞生，从而为你的描绘增添了快乐，辅助并提升了个人的速写效果和创意思维。这些，对于从事创意工作的人来说才是最有价值和最有意义的事！

尝试着用相关的绘画工具或技法来表现对象的概念。

6.3.1 写生

写生作为“第一步曲”，就是要解决“看”的问题。

对于速写，观察对象很重要。首先要将视线集中在所描绘对象的外形特征和总体印象上，包括廓形、主要的色彩感觉等。然后要迅速看到并捕捉到人物的动态要点。如果可以预测到行为动态的开始和结束，对抓住动态的关键时刻是非常有帮助的。当然，如果没有这样的经验，就要从写生开始训练。

观察生活中人物的各种形态进行快速描绘练习

6.3.2 回忆、记忆、默写、临摹

这就是“第二步曲”里的“想”！

经过长期描绘过的一些对象会形成训练后的积累，比如了解了人物的形体比例关系、动态关系、服装状态等，又或者是对描绘对象的特征熟记在心。这时我们再进行绘画时，就会很自然地在笔端流露出所描绘对象的特点。这种长期描绘而形成的本能、自然的习惯表现，就是一个回忆、重复记忆和可以产生默画能力的速写特质，它会贯穿于速写描绘过程的始终。

在速写的过程中，我们会时而观察、时而埋头速画，这个过程掺杂了很多的回忆。而速写里的“回忆、记忆、默画”，就是前面所说的速写里要解决的“想”的概念。

突发的灵感及涂鸦速画，对于速写更有创作意味。

在“想”的训练中，还有关于“临摹”的概念，临摹就是模仿、临画别人的作品。但笔者看到不少初学者似乎对这个概念的理解出现了方向性错误。很多人认为临摹就是“看”，就是照着别人的画来画，以为这样就可以学会绘画了，这其实是种误解，问题在于把临摹当成写生了。笔者之所以不把临摹放在写生的环节里，就是因为临摹不是写生的概念。那临摹是什么呢？个人认为，临摹是个思考的过程，是学习别人成果的一个快捷有效的方法。作为一张“画”，相信画者自有他自己的判断和理解，一定会将自我的因素放进作品中去。也就是说，他的画法不见得是经典和常规的，也许纯粹是个人意识非常强的画面效果。而作为初学者，学习这样的画是可以的，但不要用写生的态度来对待，那样是学不到作品里的绘画表现力的，结果往往是仅获得了浮于表面的画技，聊以自慰罢了，实则背离了临摹的意图。

而临摹正确的理解应该是要多想。想作者背后的态度、能力以及技法的表现原理等，是作者刻意的处理、偶然的收获，还是娴熟后的必然结果？想得越多，收获越大。当你有思想时，临摹就是学习；当你照猫画虎时，临摹是没有任何价值的。因为就算画得很像，却还是抓不住画面背后的精髓，得不到真传，也不能转化成为自己的能力。

看到自己喜欢的或是优秀的作品，尝试着临摹体验。

所以，临摹是很讲究技巧的。先学会读画，再分析作者的绘画思想，试着去感同身受。无论你的水平有多高，都不可能临摹出跟原作一模一样的画，毕竟客观和主观上不相同的因素太多。但带着自己的目的去临摹，比如探究原作的情境、外形、线条处理等，在临摹后趁热打铁，找素材来画类似感觉的效果，这样的临摹对自身的提高却是事半功倍的。

本图为上图的临摹学习，学习的是构图，或是色彩结构，抑或是外形等。

将临摹后的感受应用到自己的绘画中，符合学习的意义，既可以作为尝试，也可以当成是创作。

这个“想”的培养过程既可以是在速写状态下的表现，也可以是在临摹学习状态下画者的一个思想过程。“想”能够成为辅助的描绘手段，更是提升学习的办法。因而，这是个直接和间接的积累经验、跃升观念的训练方法。

6.3.3 尝试、创新、突破

通过观察和快速的思考（时间的长短不重要，你所观察和画的对象要不影响你的描绘判断，或是提前做好尝试的准备，通过本次观察后加以实践），决定使用怎样的表现手段或形式来把对象的效果描绘出来。这是个实际的动手实践、尝试、体验或是验证的过程，也就是"第三步曲"所说的尝试阶段。

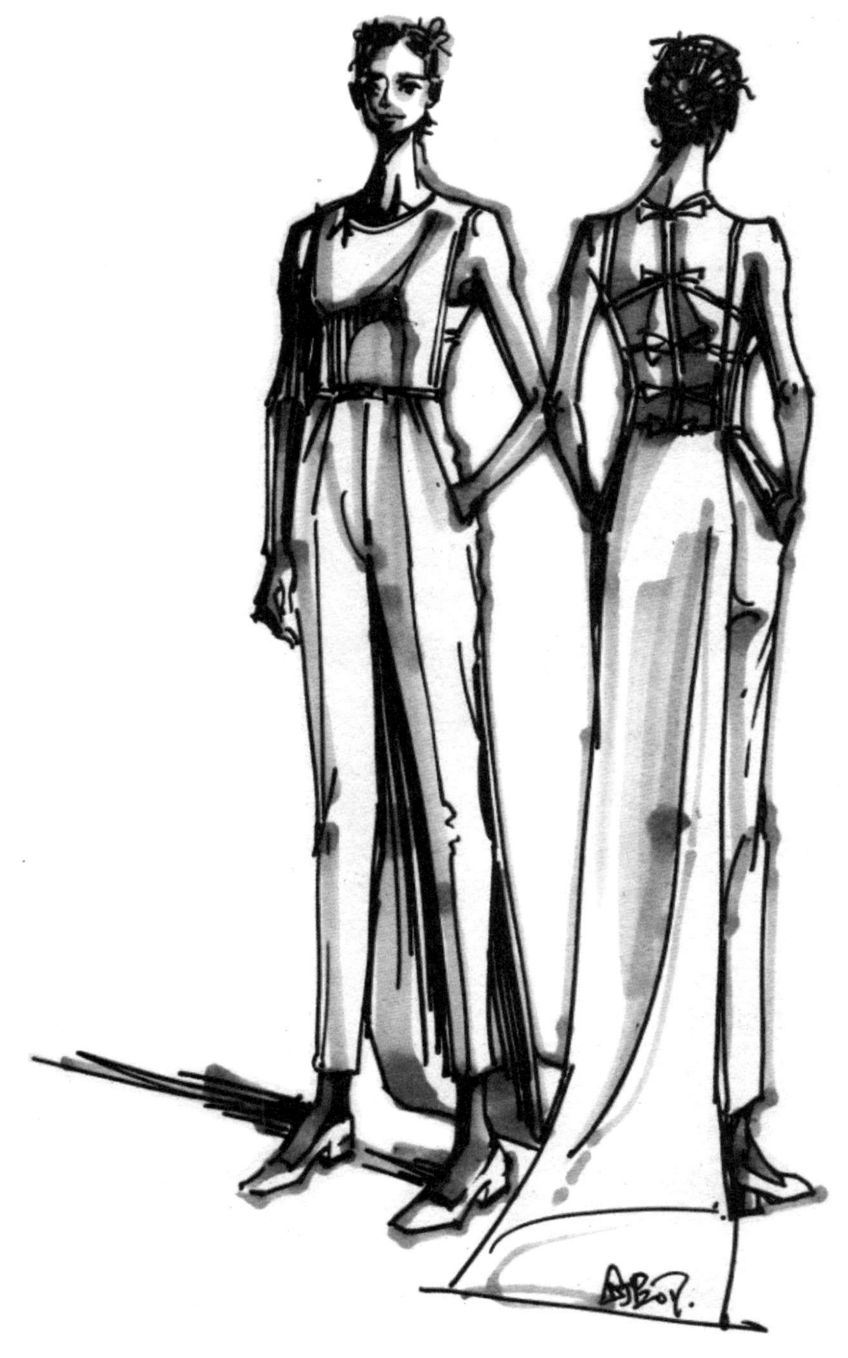

粗硬水笔头＋灰色马克笔速写

针管笔 + 彩铅动态速写

炭笔速写（铺侧锋画大形，正笔刻画）

6.4 速写的基本方法

速写就是在短时间内将所看到、所感受到的人物动态及景物做描绘记录，不求大而全，只需绘画出个人最为关注的内容，既可以单独成为作品，也可以为将来的创作留下概念和素材。通常速写只会画自己觉得有价值的东西，快速、留有余地、适当主观发挥、即兴创作是速写的基本原则。

一般而言，速写常需掌握以下几种方法来进行描绘表现。

6.4.1 整体

抓大体，重外形特征，对整体形态有敏锐的观察力。

快速地描绘，只画即时感悟到的形态和意象。

整体外形的轮廓特征，辅以外形变化的细节，采用由大到小的观察顺序。

6.4.2 快速

既然是速写，时间都不会画得太长，从几分钟到半个小时，长点的一个小时。不同的画种对速写的定义也不完全一样。对人物动态而言，几分钟到十几分钟就是速写了。时间太长，人就会缺乏敏捷的观察力，容易进入“抠”局部的状态中，初学者更甚。为了避免画局部的习惯性问题，更应该强调快速观察、快速画的态度，这也是速写训练的意义。

注重感觉和印象，是速写最基本的要求。

不求准确和精细，迅速抓住人物的外形和动态效果，比慢慢观察和描绘更有灵动性。

6.4.3 概括

在画速写的时候由于强调时间性，需要在短时间内快速抓住对象的外形特征及动态趋势，不可能画得面面俱到，为了不顾此失彼，就需要抛开不必要的细节，把相近或是雷同的部分当做一个统一的整体来画，这样的方法通常称之为概括。在速写训练中，概括也是一个重要的训练科目。

概括更为注重外观轮廓，比速写的内部变化更为关键。

6.4.4 取舍

在速写的过程中，特别是对象在运动状态时，绘者所能看到的几乎是一瞬间的影像，要在这极短的时间内抓住一些细微的变化是不现实的。因此，在绘画的时候必须做到敏捷地观察，但是要有所取舍地来画。久而久之，便养成了一个人的绘画品质，主次或是你关注的焦点便成了描绘的重点，取舍在画面中就变成了鲜明的印象记录。取舍是强化绘者不宜过多地依赖于缓慢地细画，在快速抓绘中通常不得不舍弃繁复的细节，尽快描画出对绘画对象主要的感觉，这样的画面就不可避免地出现对对象进行必要的省略，只留下更为“重要”的部分，从而更加突出作品的表现力，让画面的效果迅速摄入人心。作为观者，也能够在欣赏作品的同时，体会到画者的创作心境，达到心灵沟通的目的。

人体在着装运动的状态下，会产生很多衣纹，合并一些接近的衣纹，突出一些重要的衣纹。

卡尔·拉格菲尔德的取舍速写效果图，风格、版型、和细节特征一目了然。

受光影和衣纹的影响，远近部位的描写都会有意地进行取舍。

6.4.5 简化

在速写的时候，能不要的就尽可能少，能画直线的就不画曲线，能一根曲线到位的就没必要凹凸起伏地变化，这些信息体现到实际的画面效果中便是简化。这样的训练有助于我们更好地专注于对象在我们脑中最强烈的印象。久而久之，我们自身就具备了这样的一个素质，就是在绘画的过程中能够自觉地将现实中所看到的对象进行必要的简化处理，从而能够更加深刻地抓住描绘对象的形态和神态，体现一些更为深层次的东西，而不受过多的细节的干扰。这点也是摄影记录无法做到的。

当我们进行简化的时候，发现画面竟然可以做到如此的言简意赅，很像一幅装饰画，色彩不多、形式简单，却让人心有所悟。因此这样的训练有助于去除繁复，能够有效地提高简约的提取能力，同时对画面装饰趣味的建立还有很大的训练价值。

无需过多地深入刻画，游走于整体与人物之间最动人的关系中，做出最为简化的描绘。

对于动态的简化，于无声处胜有声。

6.4.6 夸张

夸张作为速写训练的一部分，是为了弥补对象在画面效果中的不足，起到更加强烈的视觉效果，提升观者的感受，从而获得更好的表现力。至于速写的夸张方法，原则上是根据画者对描绘对象的感受而定。例如，强化动态效果，加强特征，或是将画者认为的某个重点进行强调处理。总之，夸张就是为了强化画者对对象的感受，让观者更容易感受到画者的绘画愿望。

本图动态夸张，强化摆动幅度。

夸张的人物比例，凸显描绘对象的特征。

拉长身体是时装画速写常用的手法，特别是在描绘长裙的时候。

以上的速写描画方法在进行速写训练的时候并不是孤立存在的。往往在一张作品中，有很多不同的方法都会同时并存，只要能达到描绘效果就不要机械地死记硬背，要以灵活贯通的应用作为使用的根本。不过，在初学的时候是可以就某一项速写绘画方法来进行特定的研究和练习的，这样的练习目的性很强，效果也会更加明显。在熟练和习惯后，绘者自会有自己明确的惯用表达方式，并使画面呈现出独特的效果。

简单来说，掌握好人体构造、动态和形态，以及着装的外在轮廓效果这几个关键性要素，并结合以上列举的速写方法，通过不断地练习、总结和感悟，就能够画好时装画人物速写。

07

速写训练

速写终究需要靠大量的练习才能有更深切的体会，说它是个技术活一点都不为过。至于是否能够上升到艺术的境地，就要看个人的领悟了。本章主要讲解的就是速写的训练方法，现在招式有了，就等着你刻苦训练啦！

7.1 速写技法要素和表现形式

速写训练是建立在前面几章理论和概念的基础之上的，也就是将所学习到的理论融合到实际描绘对象的方方面面。在人物速写训练的方面，更加强调人体动态以及着装外形的描绘。当然，在进行绘画训练时可以采用适当的技法表现，遵循循序渐进的、由整体到局部的描绘顺序，至于深入的程度、时间的长短及描绘的内容就要根据自己的训练而定。

有目的地练习线条、廓形和明暗大关系的速写

速写常常以一定的绘画技法来体现，通过一些基本的形式来达到速写的描画效果。其表现技法可以简单理解为以线的形式为主、块面和点的布局为辅。表现形式上多为黑白描绘和色彩体现两种形式，这两种形式可以独立或是结合应用。也就是说，独以黑色的线或色块描绘形式来进行人物动态的表现，或是以色彩的效果来描绘动态；亦或是黑色勾画后，补充彩色来表达速写的最后效果。只要能达到自己的预期，那么任何一种方法都是最好的速写形式。

7.1.1 速写技法要素

音乐家是靠音符谱曲，作家是靠文字组织篇章，而画家则是靠点、线、面、色来形成画面效果。速写本身就是绘画的一种艺术形式，它同样需要一般绘画创作的基础训练方法，同时又具有自己独特的艺术表现形式，这些都是速写所兼具的功能。既然如此，在速写训练之前就要先了解和掌握一般绘画的基本语言要素，然后再融汇速写的特质，以坚实和丰富自己的速写表现效果。

下面着重介绍在速写中常用的绘画技法要素：线、面、色。

线： 线条是绘画中最为精炼的表现手法，实际上就是将所看到的对象以线条的形式来表现，在纸面（包括数码虚拟纸张）的二维空间里记录下三维现实世界的时间凝固状态。

在速写中运用线条来表现画面效果是极为常见的表达形式，因此线条的运用也成为了学习速写首先要掌握的基本描绘技能。在速写画面里，线条就是画者对物体高度概括后的具体表现，这是速写训练的关键和意义所在。

面： 面是现实物体形态所固有的存在状态，同时也是画家为了研究物体形态而概括出的相对更为简洁的物体存在状态。面的存在形式有弧面和方块面两种，但归根结底是以方块面为单位的形式形成。所以说面是人对自然想象最理想的表现形式，具有理想化、装饰化的特点。

在速写中运用面来塑造所见的物体形象，最常见的表达形式是对描绘对象的外形以及光影的概括、色彩印象的基本表达。面的描绘同样也是画者对对象理解后进行高度概括的具体表现形式。

速写中线的表现形式

速写中面的表现形式

色：色彩是物体所固有的特征，无论是气体还是固体，都会有它特有的色彩样式与之对应。我们在对物体进行速写的时候，除了关注它的外形动态，对于色彩我们常常也是描绘的重点。从实际来看，色彩是面的一种技法要素，只是除了深浅（黑、白、灰）关系外，还具有色彩的属性和关系。本书更加偏重于速写技法中的黑、白线或色彩的简单效果表达。

抓住对象的大色块效果，补充关键明暗关系的色块、色线的速写。

在速写中快速抓住对象的色彩特征和色彩大关系，主要体现色彩的一般效果描绘，表现出以色线或是以块面为主的表达效果，以快速概括的方式记录对色彩的印象。如果对象是以色彩为主要特征，那么对色彩的印象或是色彩关系就尤为重要，应该成为速写描绘的重点。

7.1.2 速写表现形式

速写的表现形式有黑白、色彩和两者综合应用。每一种表现形式，都能够体现出一种特有的画面效果。下面让我们来好好体会这三种表现形式。

◎ 黑白速写

不受描绘对象的色彩影响，以线或面的形式，在保留纸面色彩（白色或是其他底色的纸，均简称黑白效果）的基础上采用单色（黑色）进行速写描绘。黑白速写的诀窍是把底色当成是光的反射效果，而黑色是作为形的表达、明暗的体现。以这样的理解来进行形态结构的描绘，就容易把黑白速写效果体现好。

快速抓感觉，简化光影效果。

刻意以黑色线条的粗细变化去描绘服装的不同质感，轻飘的面料适宜用细淡、柔和的线条来表达。

不纠结于细节，重要的是抓住大感觉，男性则更适合用粗犷的黑白线段来描绘。

中性或是休闲风格，采用黑白效果强调出明暗变化，明确且突出主题。相对于裙装，则使用淡雅的黑白线更为合适。

越复杂的对象越要采用简单的方式表现，注重以线条的曲线形式来表现画面的动感效果。

◎ 色彩速写

色彩速写的重点在于对色彩的记录，完整的时装画速写除了色彩之外，造型动态也是速写的描绘范畴，只是对色彩的铺画更为优先，这和黑白速写中刻意过滤色彩的要求刚好相反。

在进行色彩速写的时候，如果为了兼顾动态效果，往往以主要的单色（感受到的对象整体的主要色彩倾向）为起笔色彩，有了动态概念以后，就可以将关注的颜色迅速铺画上去，将主要的大色块描画出来，最后再补充一些小的细节。无论是色彩速写还是黑白速写，都要强调整体的重要性。只有在整体可控的情况下，才可以补充其他的小细节。

以对象主要的单色为速写起步色，迅速抓住动态的变化。

在大动态可控的基础上铺画大色块，并做适当的深入（注意过多的细节深入会失去速写的味道）。

◎ 综合速写

人物速写，更多的是描绘人物本身，而与人物相关的物件及其所处的环境，往往不是速写描绘的主要对象。但是考虑到要与人物周遭的氛围相融合，适当地表现人物的环境或周围的状况，有助于更加突出主体人物或是产生人物的故事情节，从而起到衬托和说明主体人物的作用。这样的速写是指带有综合性质的速写概念。因此综合速写可以使画面不再孤立，进一步拓展绘画的视野。对于画者而言，则是有了更高的训练要求。为建立生动的画面而丰富描绘的内容，对于综合速写来说是有所裨益的。

生活环境与人物的描绘，让画面更有故事性。

线、面的结合及色彩的体现，将人与环境融为一体。

7.2 速写描绘综合训练

速写的描绘对象，根据速写的目的和需求不同会有所不同。根据自己的速写目的来决定速写的方向和内容。

7.2.1 头部速写训练

时装画的人体造型和动态，是应该包含头部的。谁能说一个人的时尚概念不包括他的头部发型、妆容和帽饰呢?

利用较短的时间进行头部绘画，锻炼快速抓住人物头部特征的能力。把握住人物的表情和印象深刻的细节，能很快地提高对对象形态和表情的描绘。

在进行头部速写前，最好先了解下头部的骨骼构造，至少对于头骨的外形要有基本了解。虽然对于时装画来说速写对结构的要求不会太严谨，但终归对速写是有帮助的。

了解头部骨骼的概念，对画头部速写是有帮助的。

头部的基本外形和比例以三庭五眼为基础。头的宽度计算方法是在设定头长的基础上，利用三庭五眼的比例方法找到鼻底线和头顶的长度作为头的宽度。注意画头部五官位置的辅助线为直线，而头部实际的辅助线是围绕头型一圈的弧线。

抓好大关系和表情效果是头像速写的重点。

画时装画的时候切忌一开始就随心所欲地画，应该先了解和掌握基本的内容，然后再去创作。

对头部的局部或五官细节有选取性的速写练习

头发的速写练习

成熟的设计师所创作的时装画或是效果图会随着自我设计理念的不断提升，最终把自己的创意思维融入到创作的每一个环节中，包括画风、形象的创意效果等，头部形象同时也是造型概念的一个重要组成部分。

由此可见，对于初学者还是要好好地研究和画好现实的人，对头部的描绘也该如此。速写的头部练习，就是对现代人的形象、妆容以及配饰的认知和建立印象的过程。人物的头像速写，就成了设计师和造型师研究头部创意的基础和最佳的描绘方式。

快速的色彩表现或铅笔速绘是日常随手涂鸦练习的最好形式，刻画不多，点到即止。

7.2.2 着装躯干速写训练

躯干作为人体的关键部位，对画面的整体效果起到了举足轻重的作用。多多练习，就能够体会到躯干引领着全身的部位产生规律性的运动。

着装状态下的人体，其由内而外的结构与衣物的款式相互关联，影响着服装的外观形态。

下面示范着装躯干的基本描绘方法。

STEP01 抓大型，动态线和外观轮廓线的第一感觉很重要。

STEP02 交代基本的结构比例，以及大的明暗关系。

STEP03 适当地补充细节，让动感与细节兼具。注意，要有意识地保留随意线条的效果。

躯干的背面速写。若不擦掉错误的地方，不会影响画面的效果。

躯干侧身的着装彩色速写

躯干铺大色块的基本描绘

仰视状态的躯干着装速写

关注特殊纹样

7.2.3 着装四肢速写训练

四肢，在人物动态中扮演着重要的角色。虽说速写多以大效果为主，但细节的刻画在很多时候也是必须的，如果是作为画面表现的重点，那么就更需要通过长期的练习积累获得相关的经验和能力。大效果和小细节在绘画中只是相对而言的概念，只要是和人物有关的都可以列为训练的内容。

手臂的基本外形特征如右图所示，自然下垂时上臂较直，前臂稍斜且向外展开。

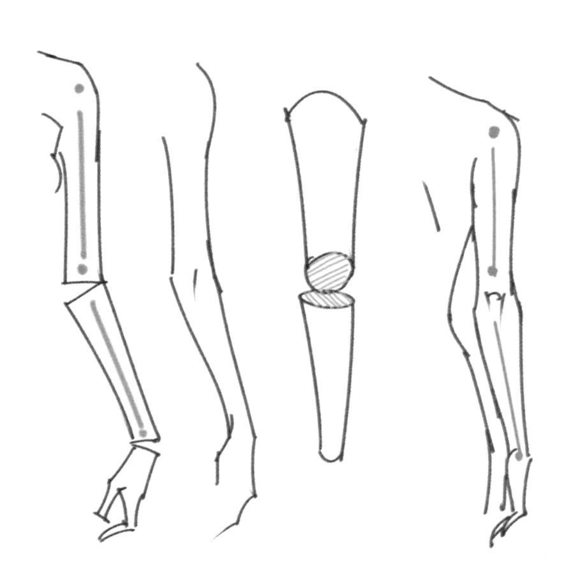

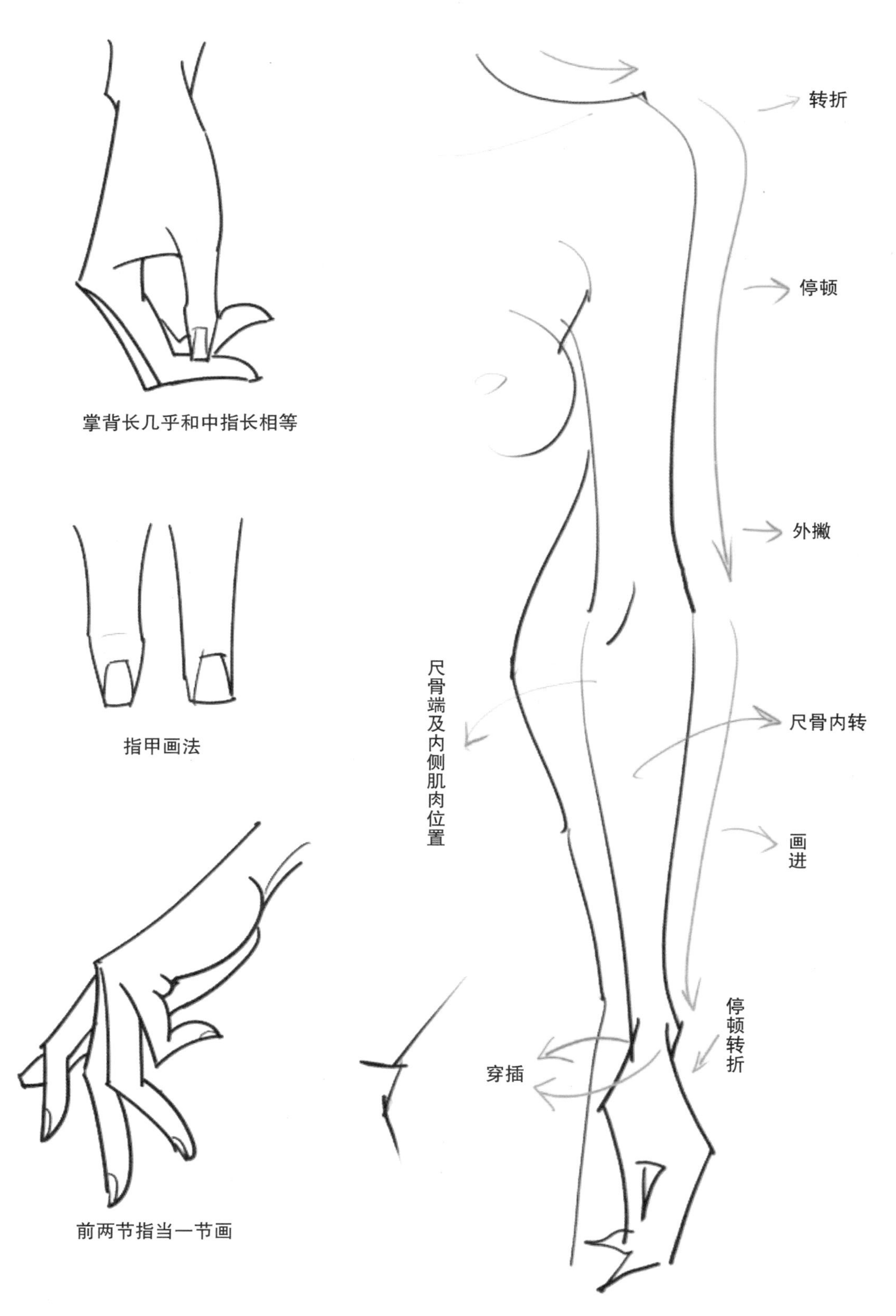

上肢整体的基本特征对于着装外观的影响

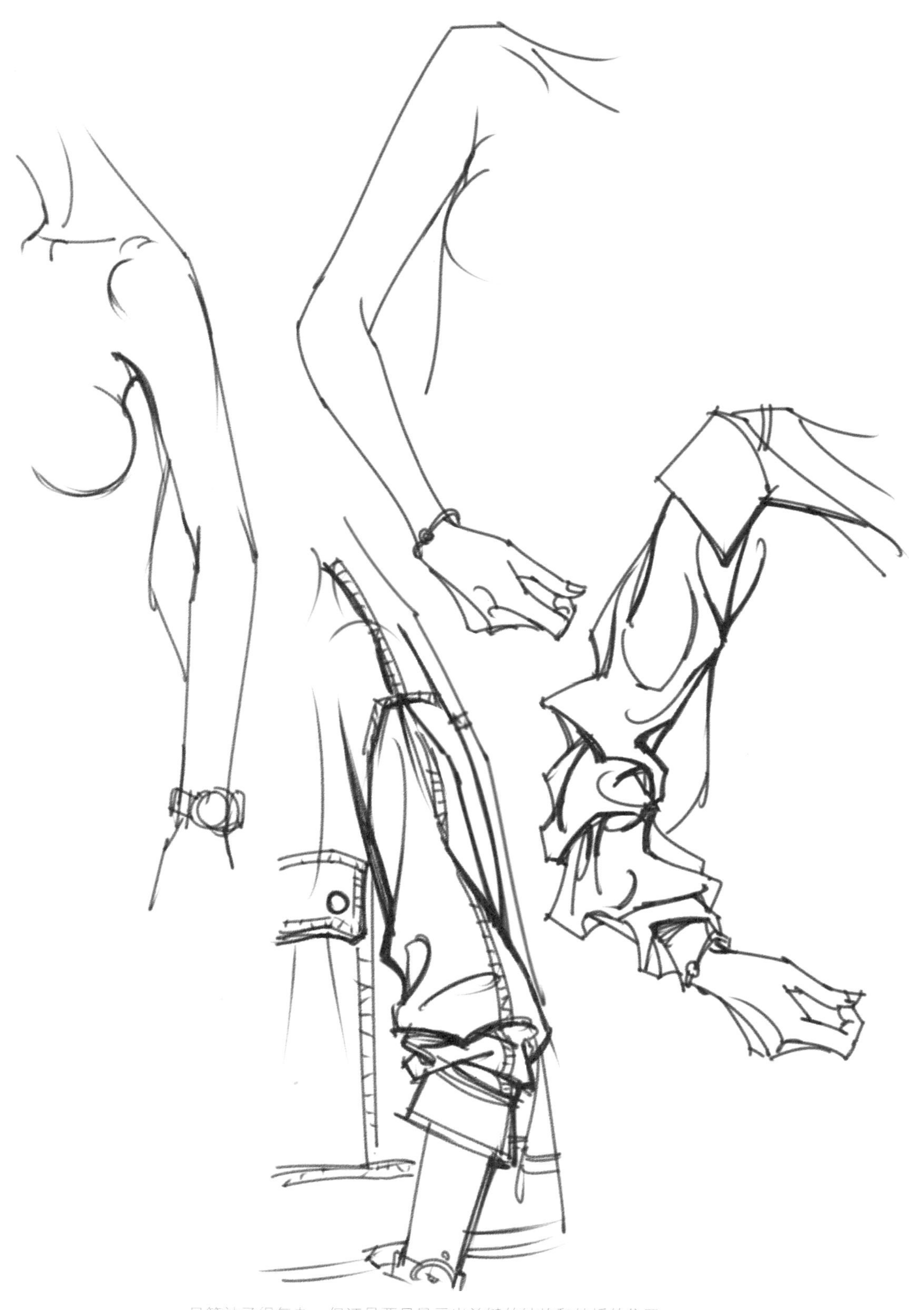

尽管袖子很复杂，但还是要尽量画出关键的结构和转折的位置。

手臂着装效果的速写，为了强调关键部位可以用重色调表达。

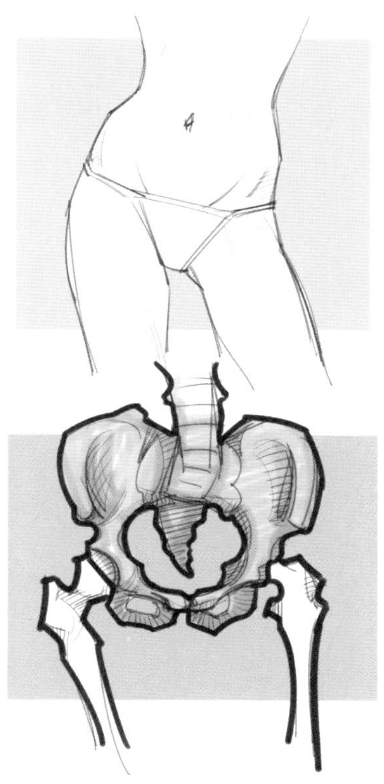

大腿根部和胯部的关系是人体动态的一个关键结构部位。

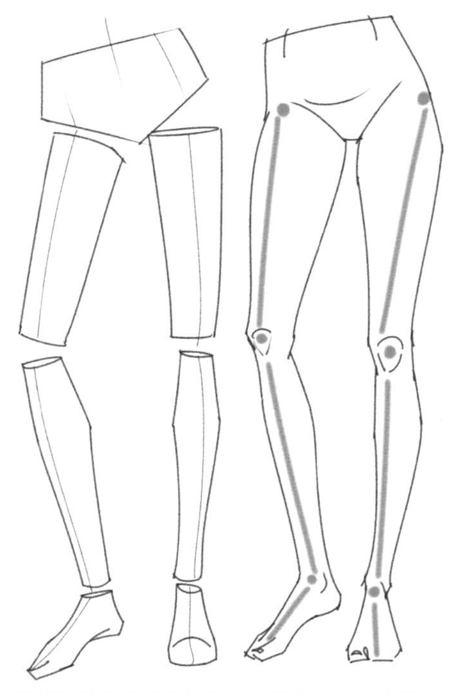

腿部的基本外形及构造。大腿骨由外侧收进膝盖，小腿骨基本垂直地面。

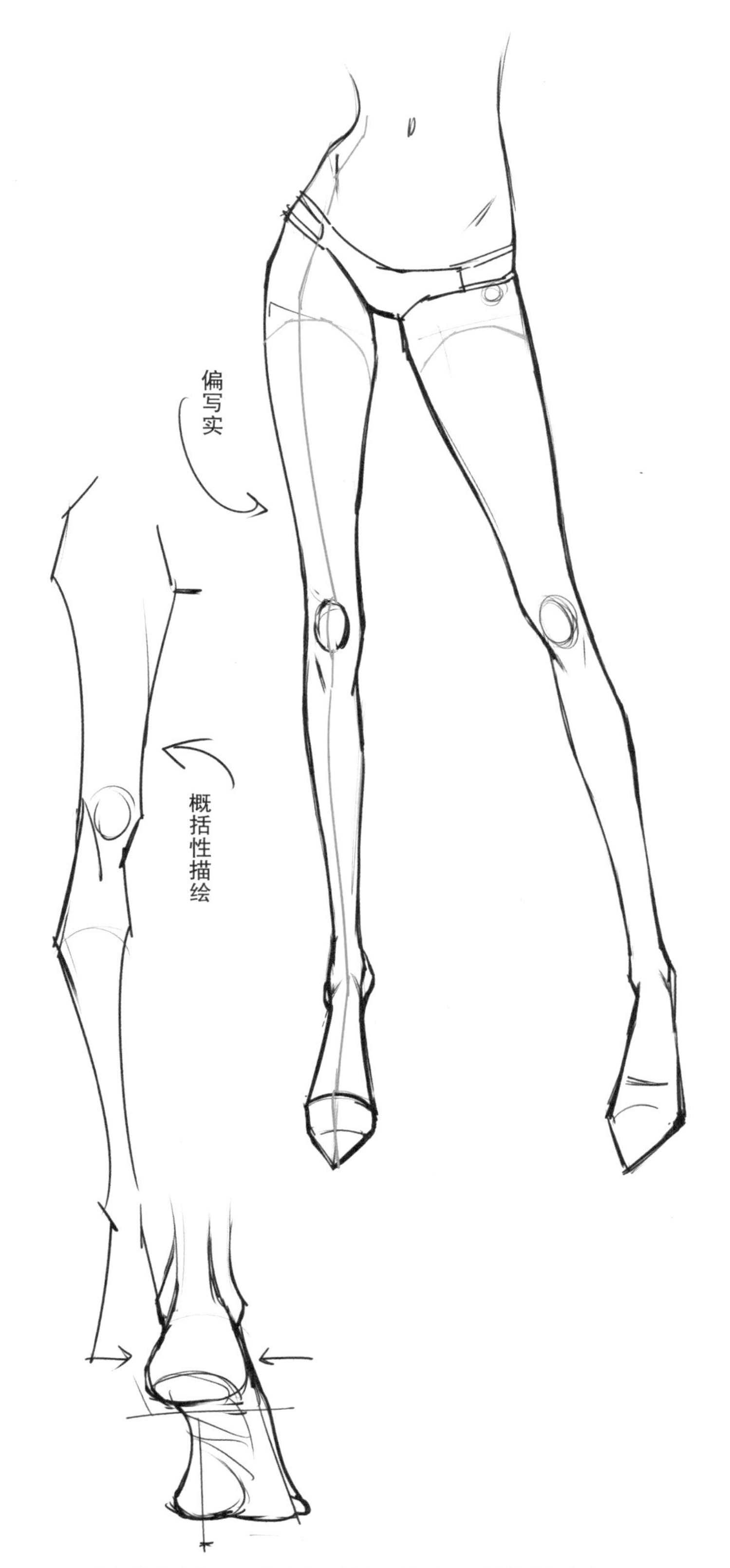

腿部的基本外形，要注意腿的中心线以及圆柱的空间特征。

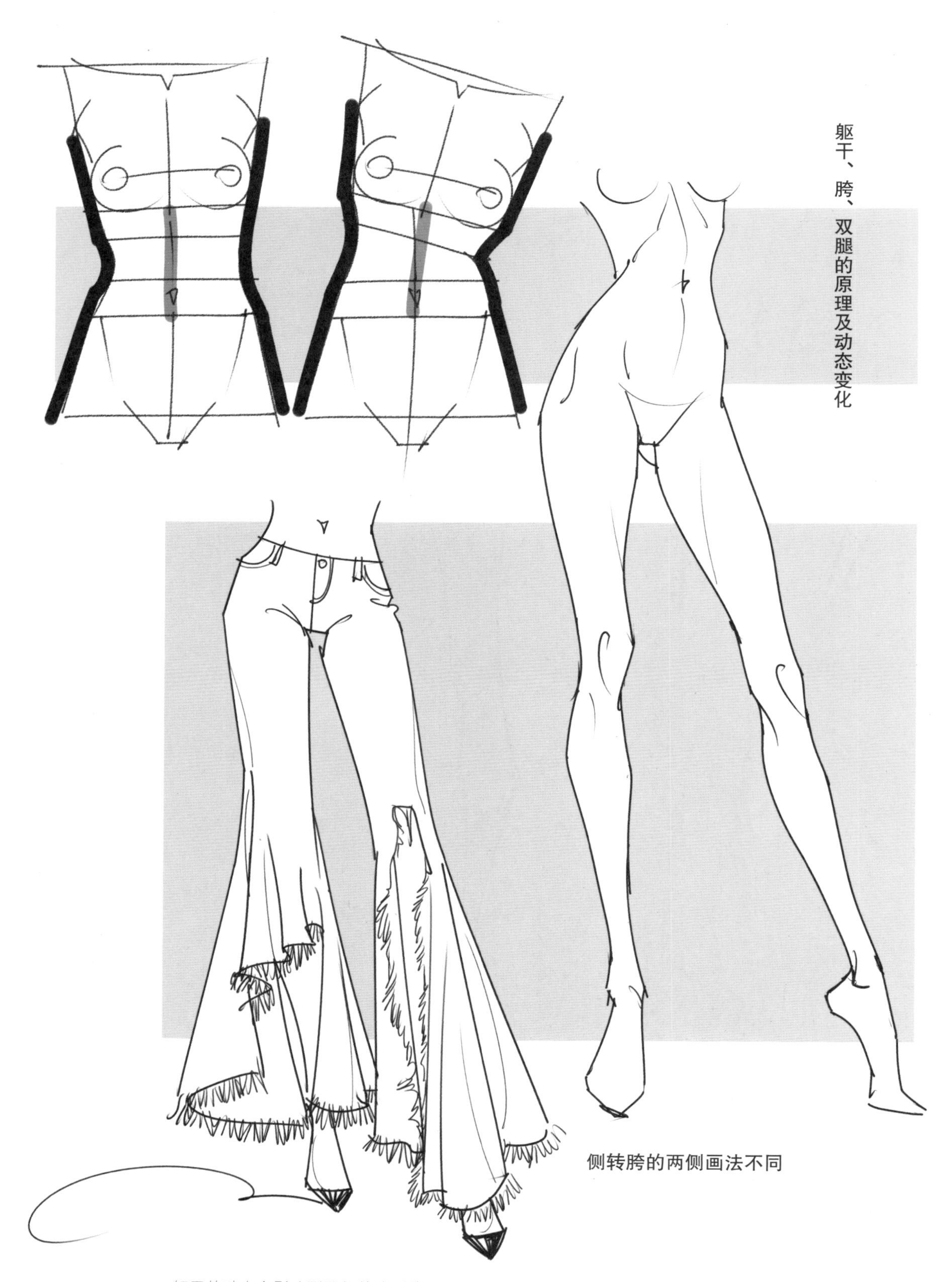

躯干的动态会影响到腿部的造型效果，同样侧转的胯也会使腿部产生形态的变化。

7.2.4 人体动态速写训练

人物的速写和时装画的描绘对于绘画训练来说是必不可少的内容。因此掌握好人体的动态速写，对于画好人物速写是很有必要的。

人体是着装人物的“根”，是理解动态的“源”。好好练习琢磨，能够加强对人物整体的描绘能力。

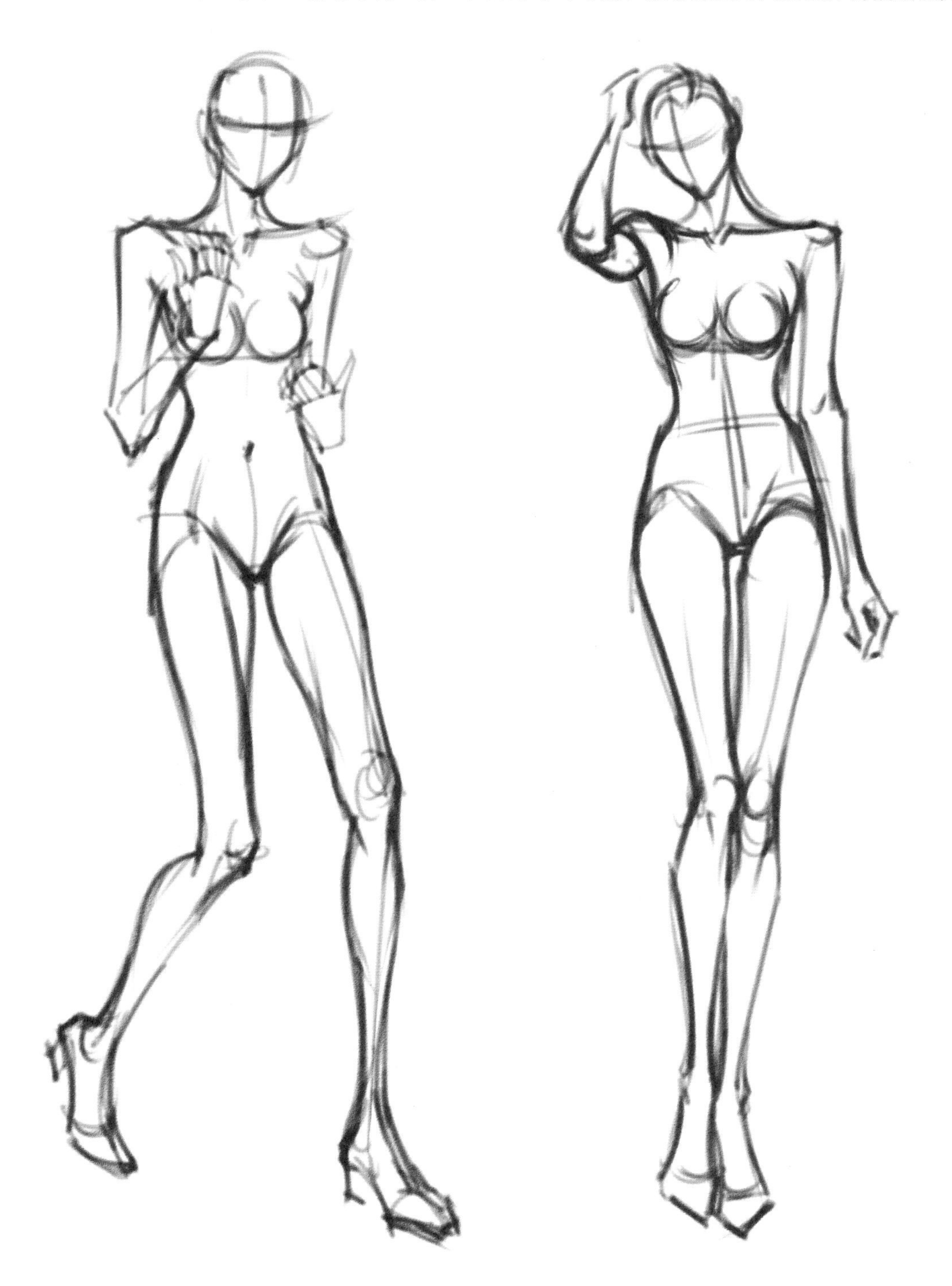

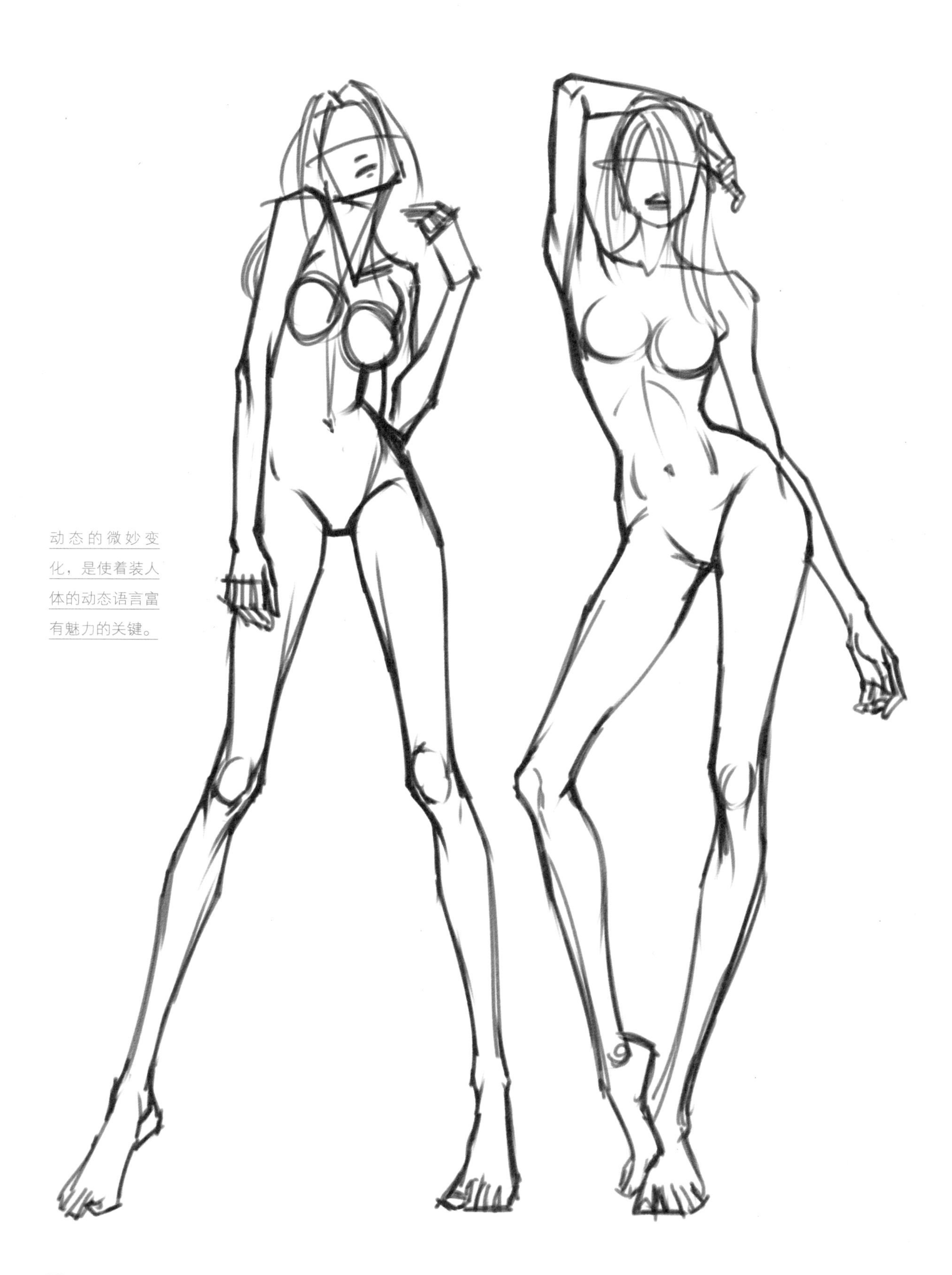

动态的微妙变化，是使着装人体的动态语言富有魅力的关键。

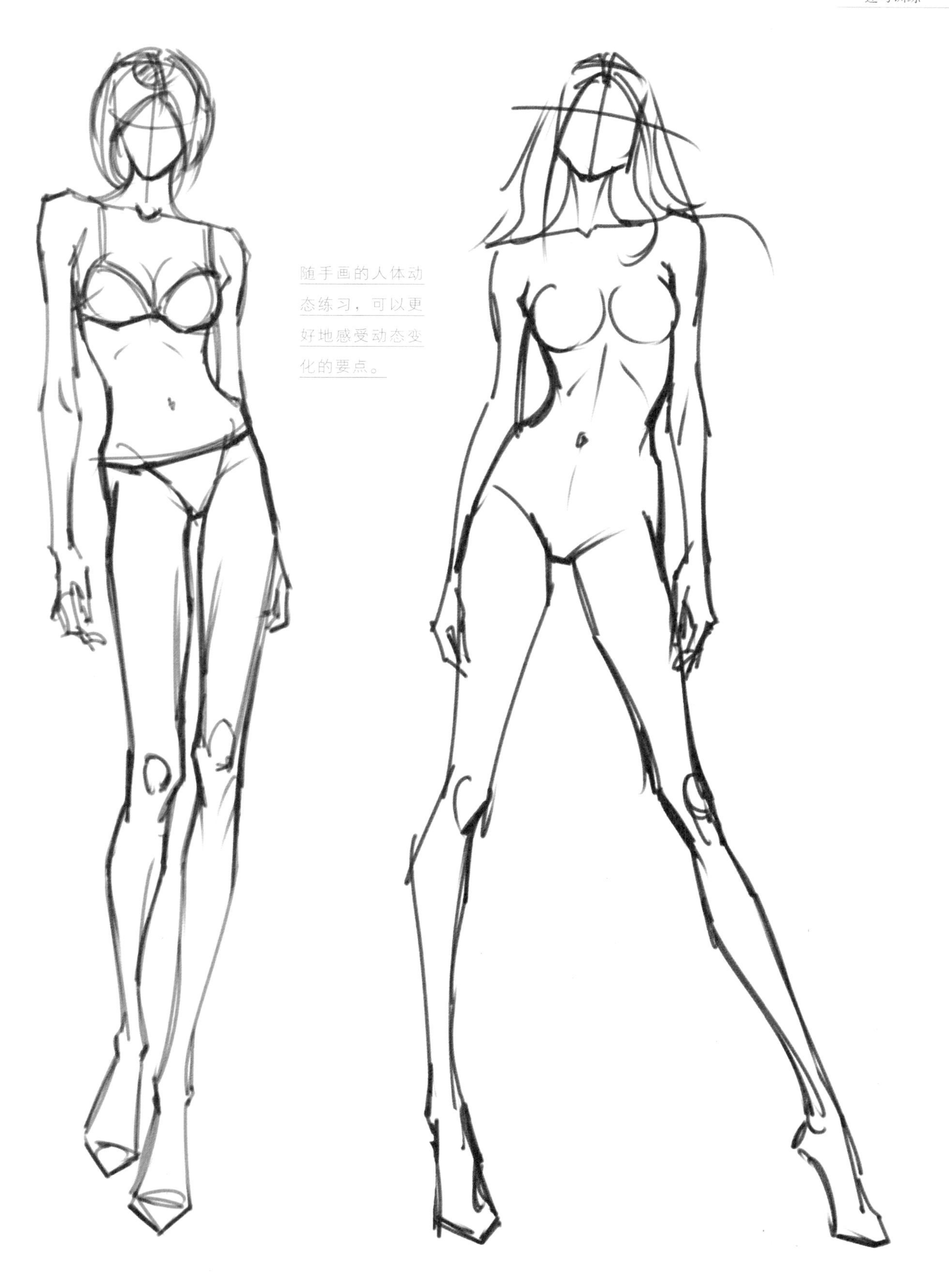

随手画的人体动态练习，可以更好地感受动态变化的要点。

一些生僻的动态在平时若有练习，应用时就不会慌张。

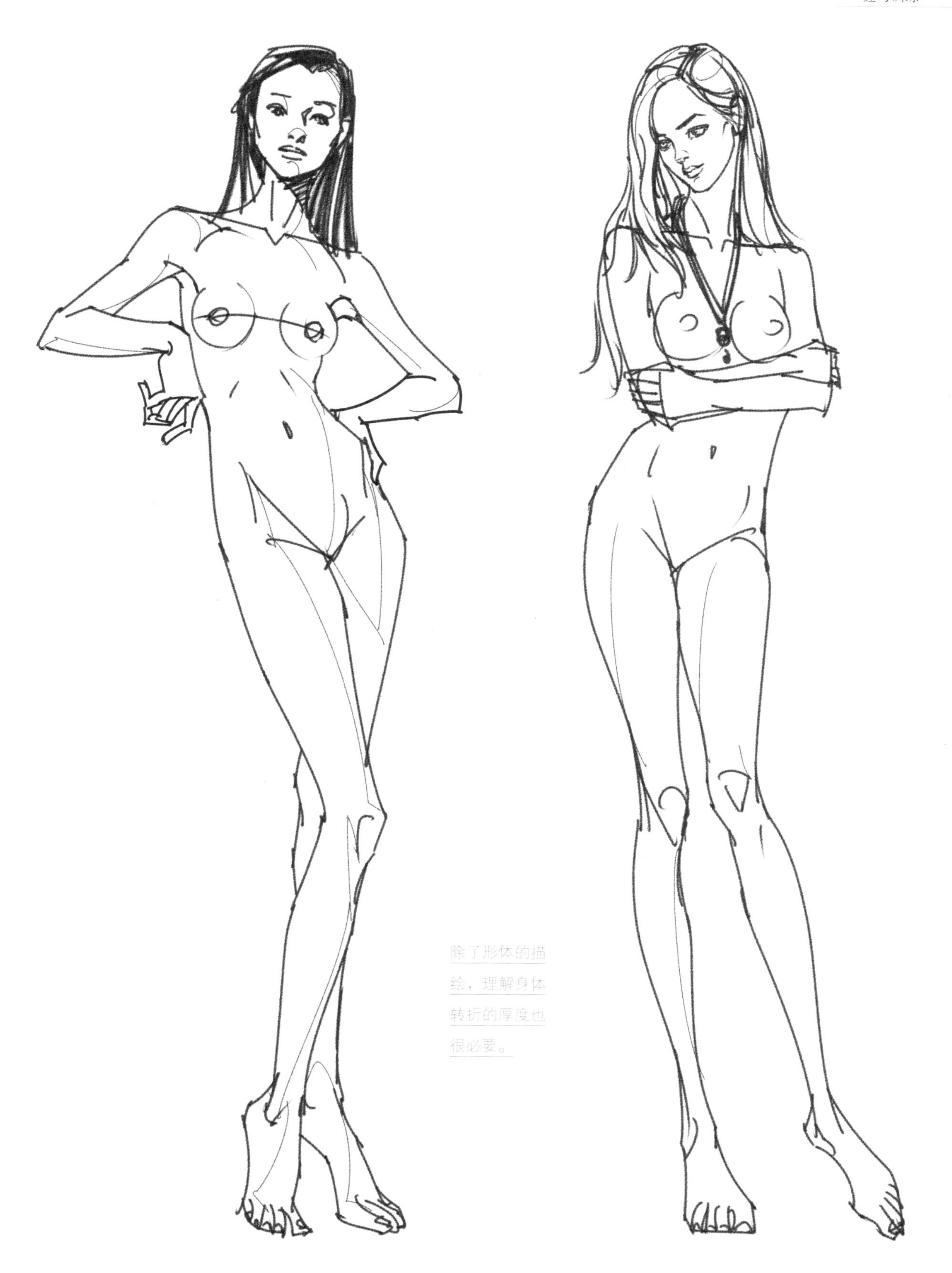

除了形体的描绘，理解身体转折的厚度也很必要。

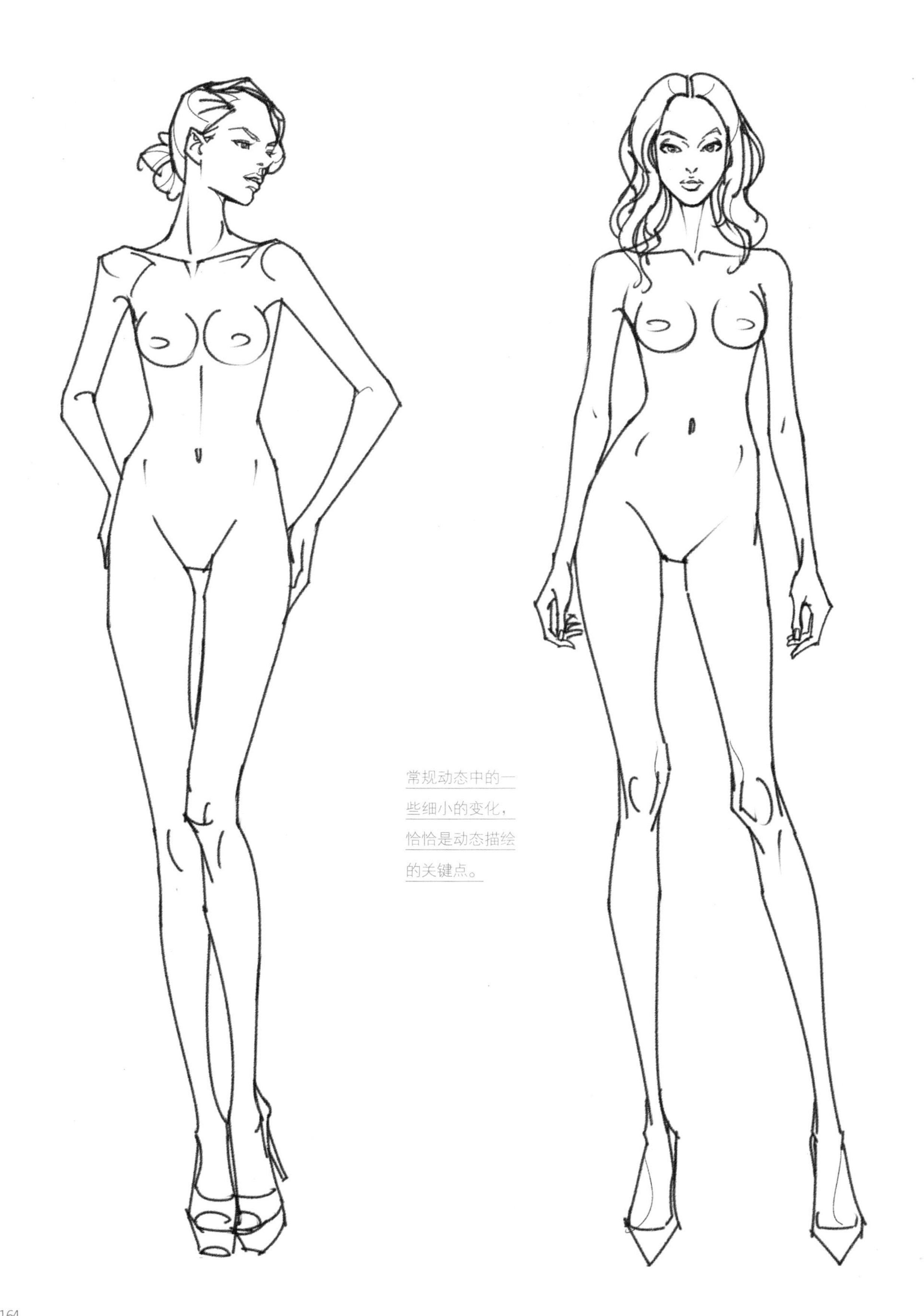

常规动态中的一些细小的变化，恰恰是动态描绘的关键点。

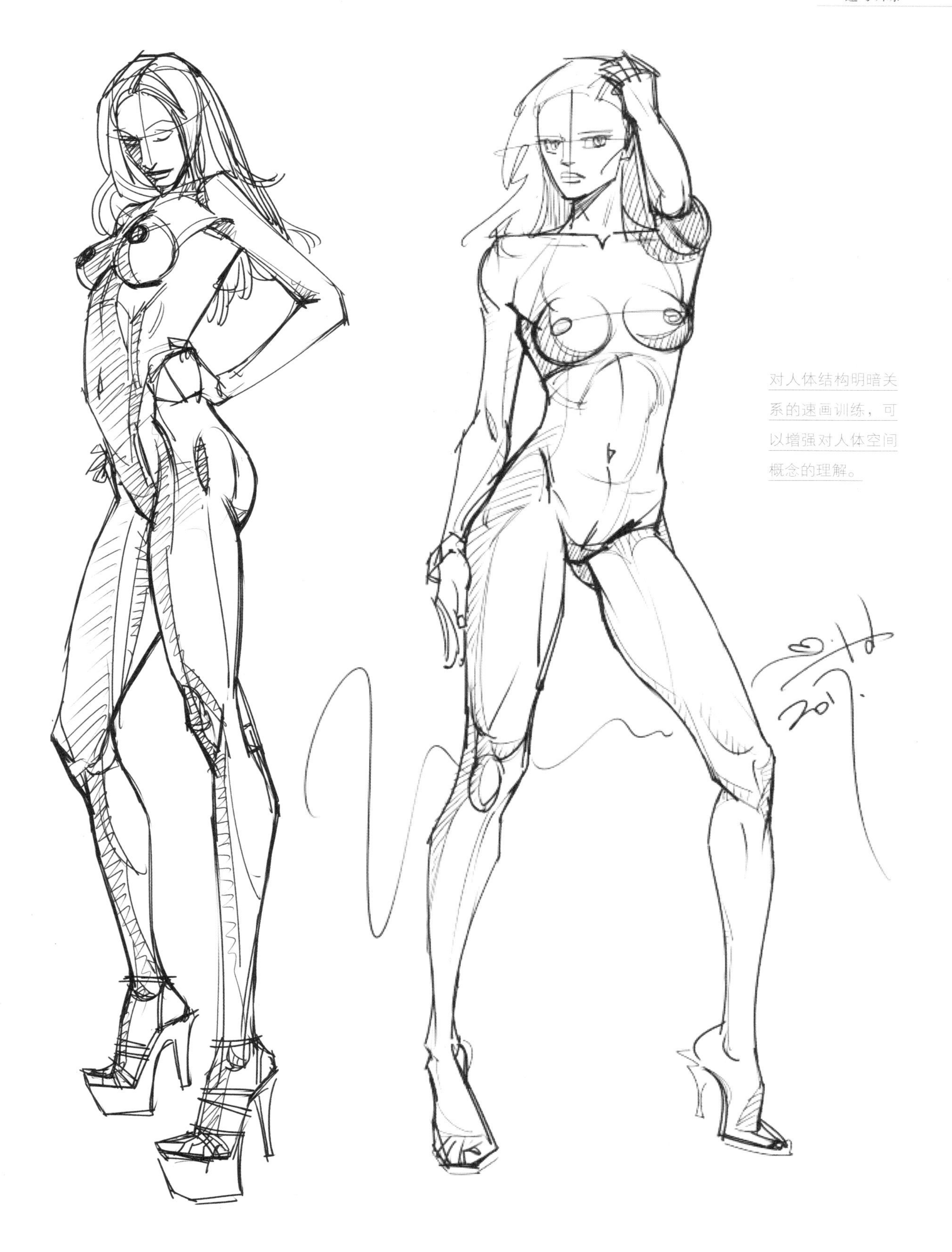

对人体结构明暗关系的速画训练，可以增强对人体空间概念的理解。

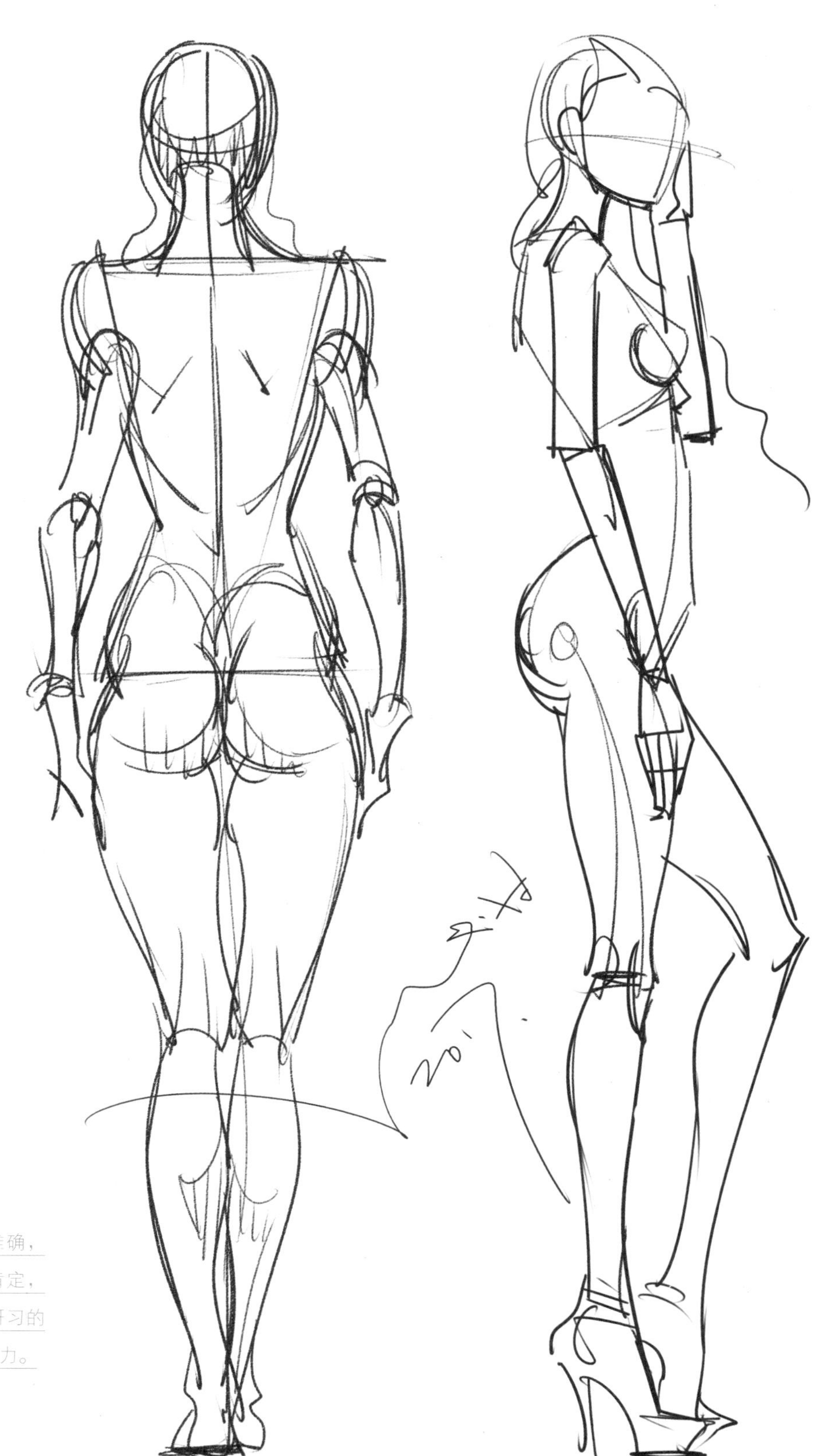

速写不需要每一笔都准确，
而应该是每一笔都要肯定，
错了再肯定地画，以研习的
心态来表现就不会有压力。

速写的人体，可以有自己的变化和见解，尝试一下又如何？

在不刻意的时候，画出来的东西往往是最自然的。

人体动态抓绘也可以锻炼画者的人体审美能力和表现力。

速画人体运动的状态，方便研习人体紧张与松弛的结构状态。

人物着装的人体动态表现实例（一）

人物着装的人体动态表现实例（二）

人物着装的人体动态表现实例（三）

7.2.5 人物着装速写详细步骤

下面介绍的速写步骤，是为了便于初学者的学习而编排的。实际上，当个人的速写能力有所提高以后，每次的速写步骤和流程都是不一样的。熟练以后，大可以从你最关注的地方入手。

STEP01~04 定出重心线、头高、肩宽、躯干中心线和两脚的基本方位。

01　02

Celine 2017SS ready to wear

03

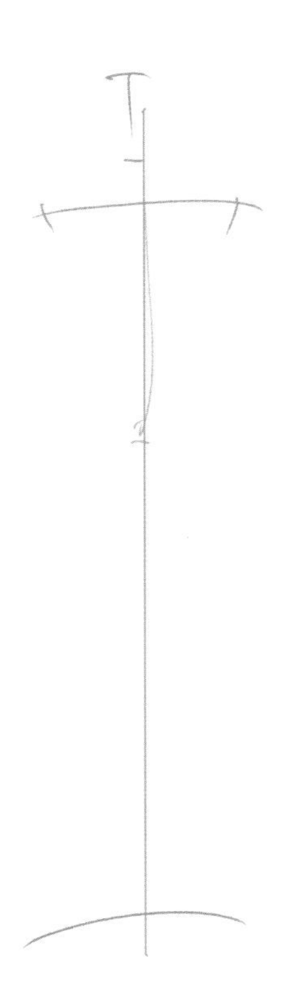

04

STEP05~08 确定双腿的基本形态及膝盖位置。

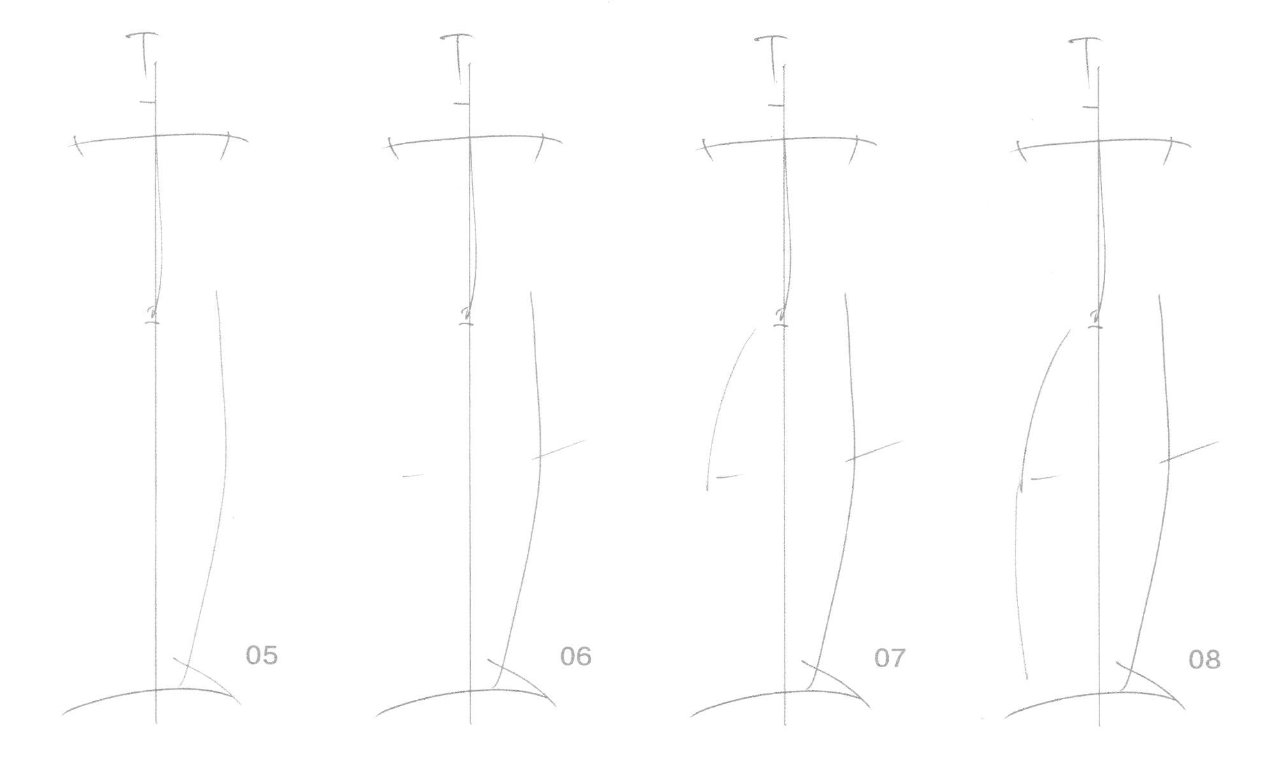

STEP09~12 表现胸腔和胯的动态位置。

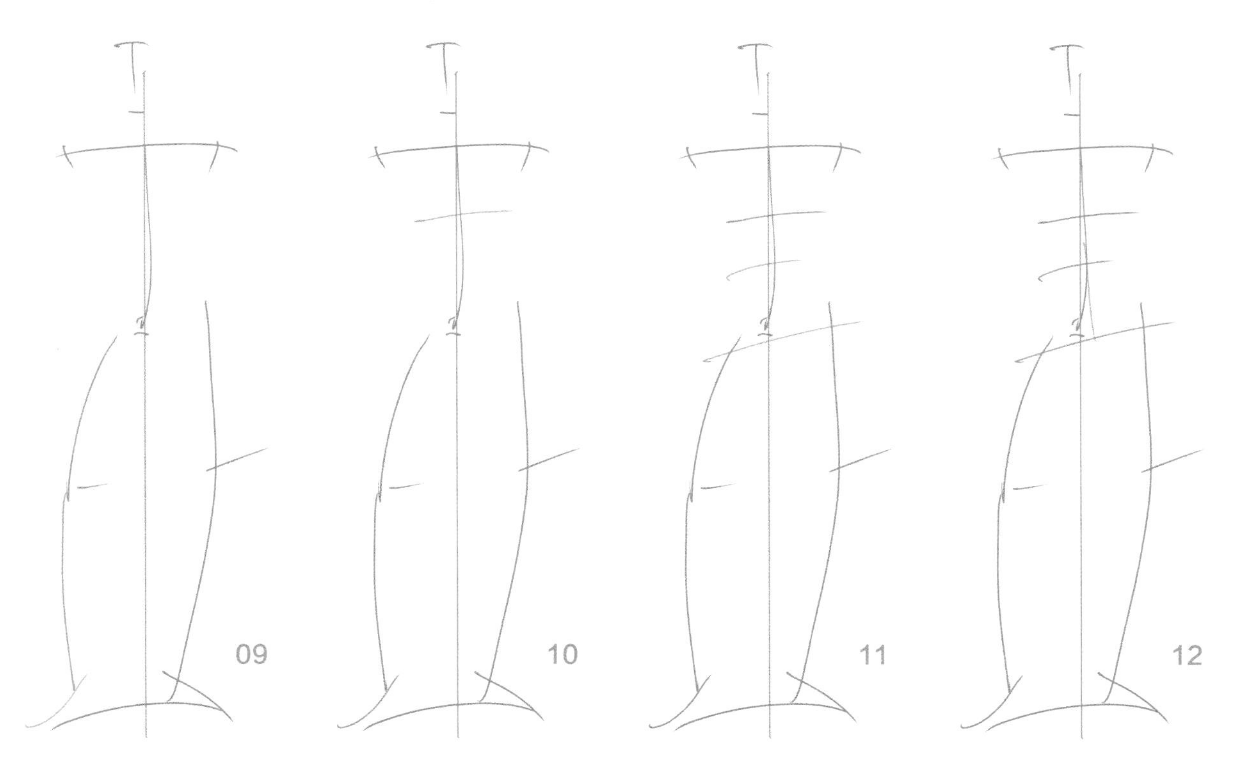

STEP13~16 确定头宽以及肩膀的位置。

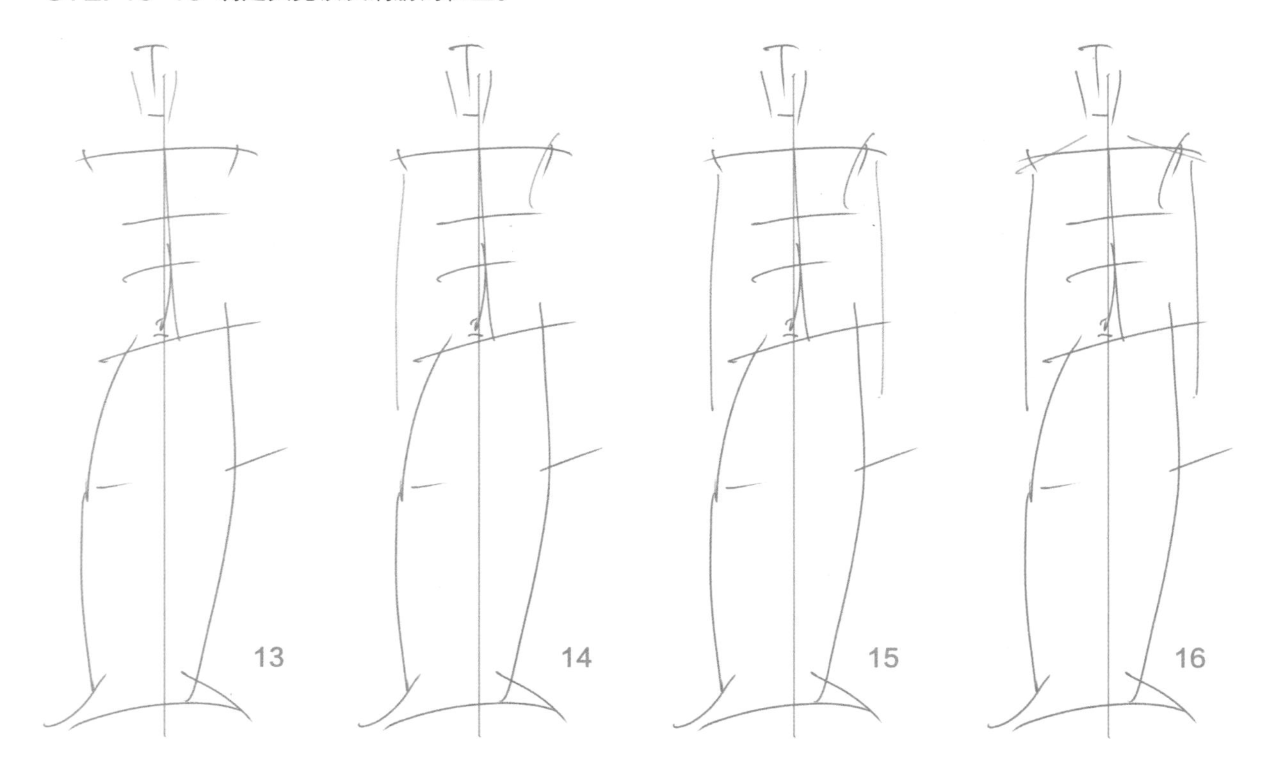

STEP17~20 腿部廓形和衣服下摆比例的描绘，抓大感觉就好。

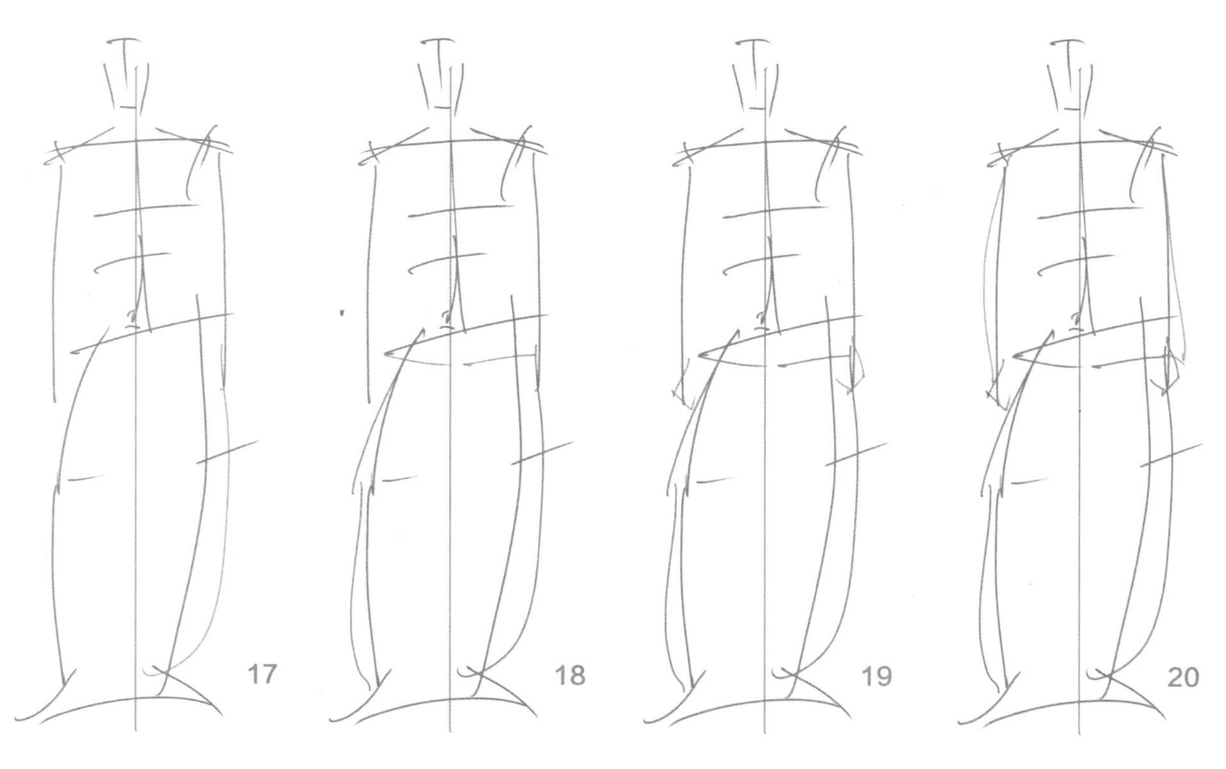

STEP21~24 袖子轮廓和领子的基本结构描绘。

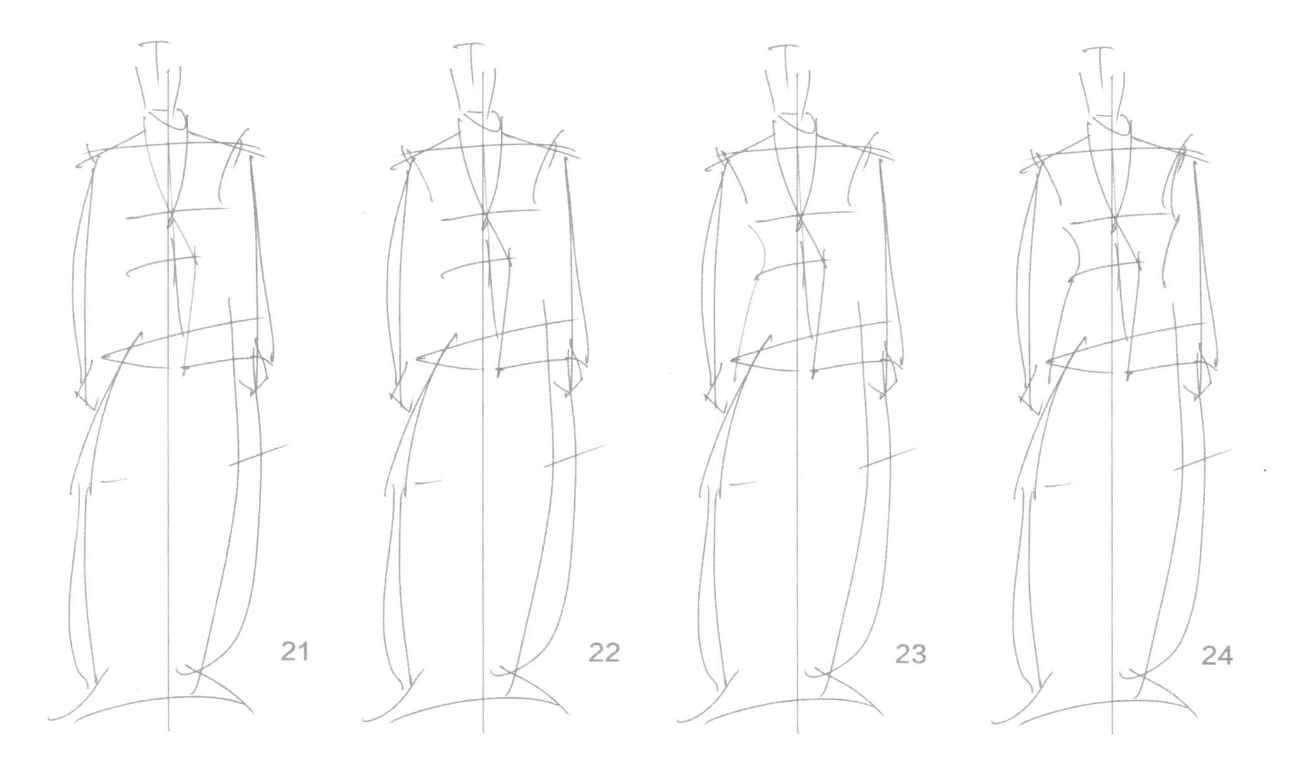

STEP25~28 对支撑胯及内侧裤型和裤脚的描画。

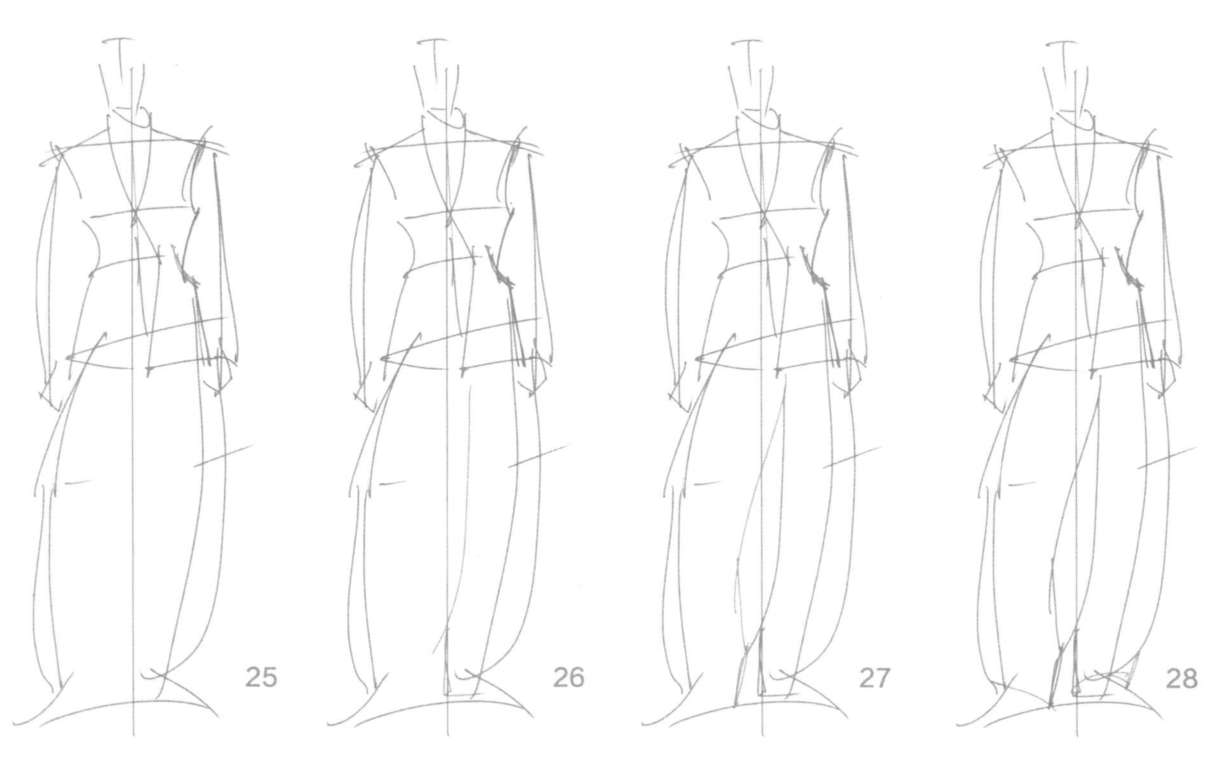

STEP29~32 画出头发的位置，并对款式进行完善。

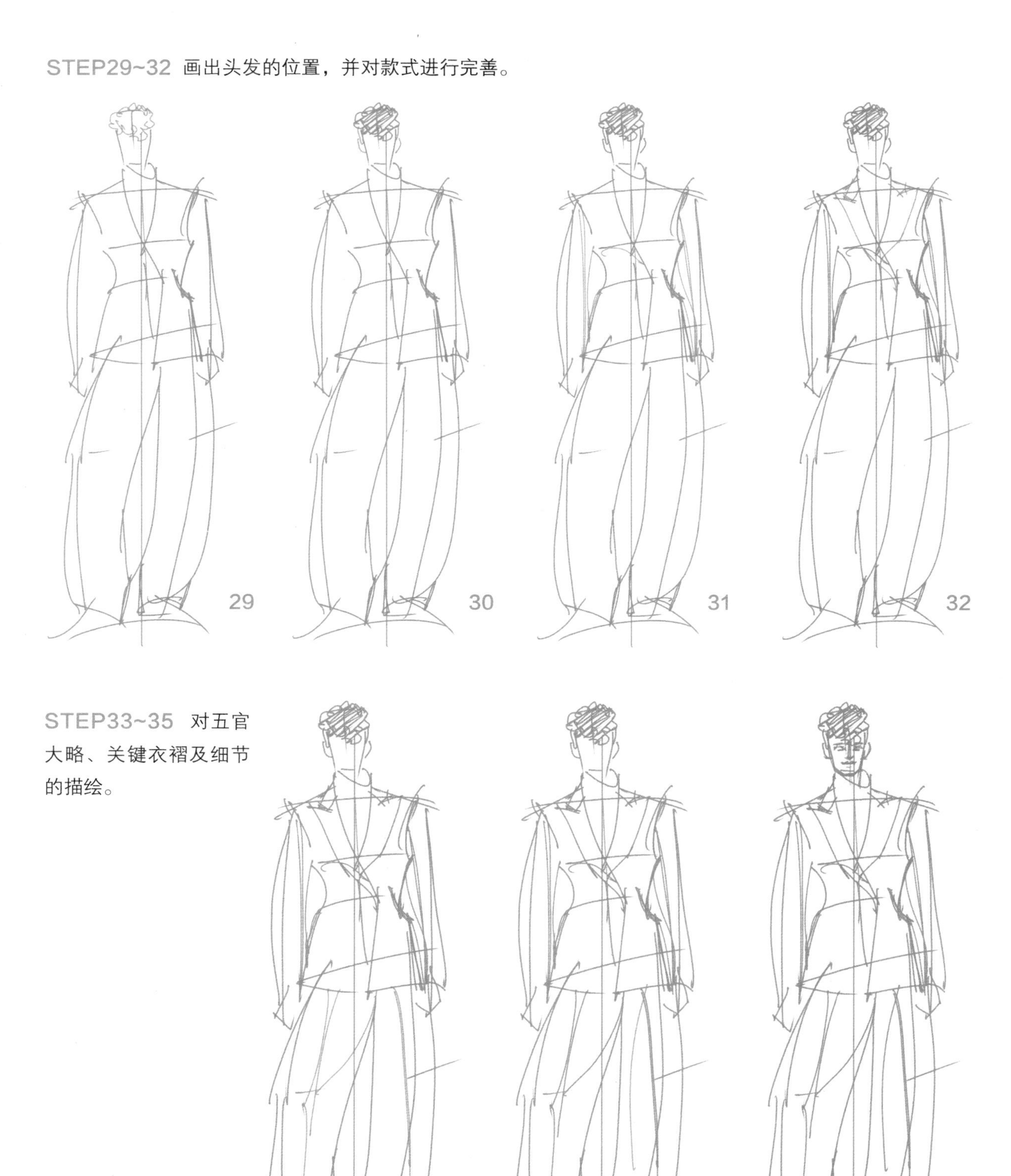

STEP33~35 对五官大略、关键衣褶及细节的描绘。

STEP36~37 强调需要加强的地方，完成基本的速写效果。

7.2.6 人体着装动态速写

有了人体的结构和动态理论后，就可以开始进行人物的速写描绘了。对于人体而言，着装是加法，但由于人体是个复杂的结构，全身各部位凹凸起伏，在着装后必然会有衣褶皱纹，再加上面料的特性各不相同，使得人身上的衣物和人体一起，在动态产生的时候出现各种各样的外形变化。这些变化，既有规律性的东西，也有偶然出现的效果。通过我们的研习和观察后，再辅以一定的练习，就可以很好地掌握着装动态的速写规律，这同样也包含了线和色的变化。

速写线稿与大略的铺色效果

着装人体明暗大关系速写练习

人体动态下的着装，把握好衣物的表现力度。

一边观察一边跟着感觉创作，随性、快速地描绘。

直接下笔，不加修改。锻炼观察力的线稿练习。

对着装速写的大关系概念进行分步分析

着装速写关键要素（体块、动态、结构）的分步分析

特别的人体形态着装效果速写

注重主打色彩效果的彩色速写研习

彩色速画大形轮廓

彩色速画基本色彩大感觉

彩色速画基本比例

彩色速画细节位置

彩色速写的细节描绘

彩色速画人与衣物的整体
效果并调整主次关系

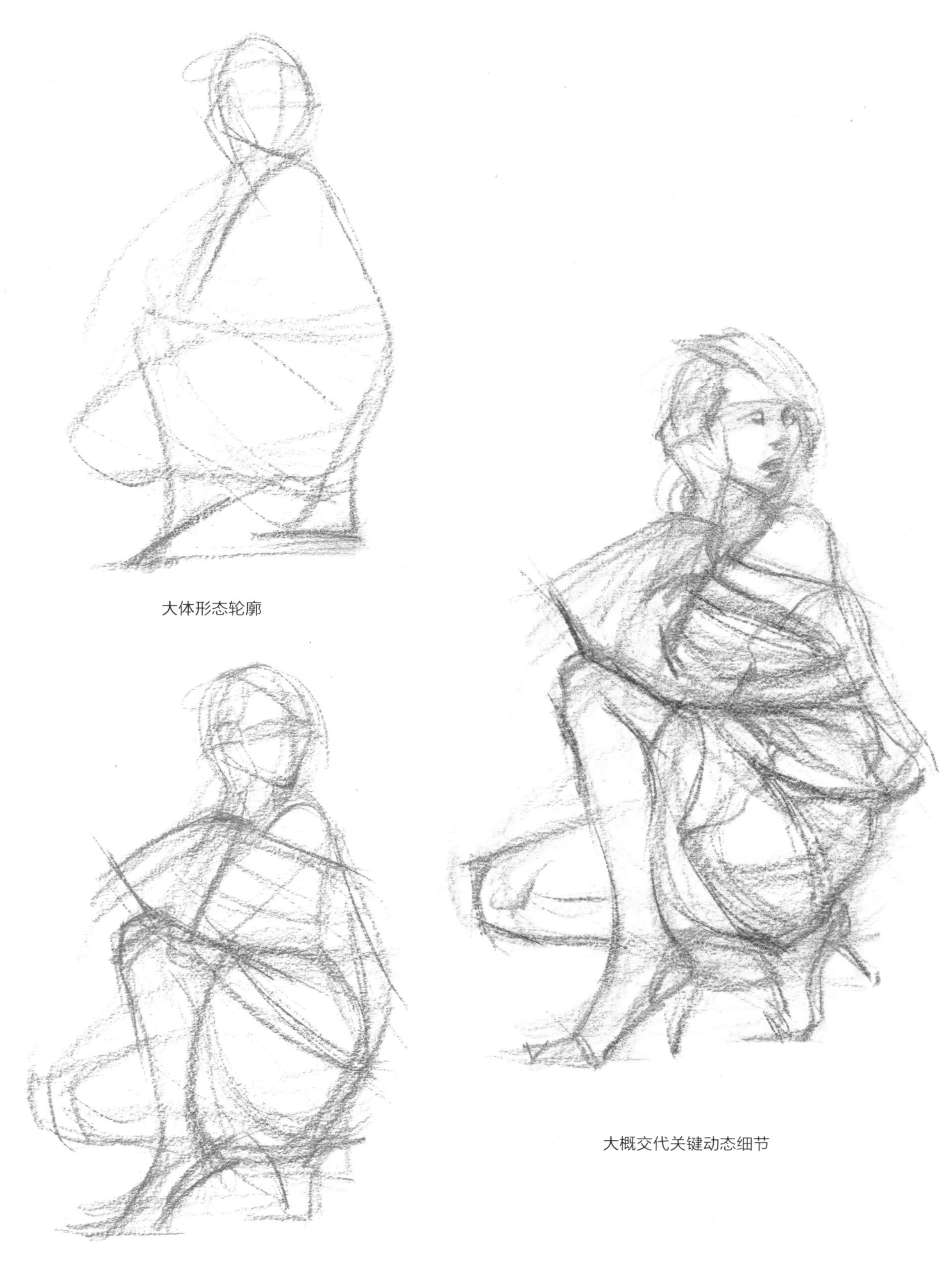

大体形态轮廓

大概交代关键动态细节

对关键结构位置和衣物外形的描绘（不需要太强调对错）

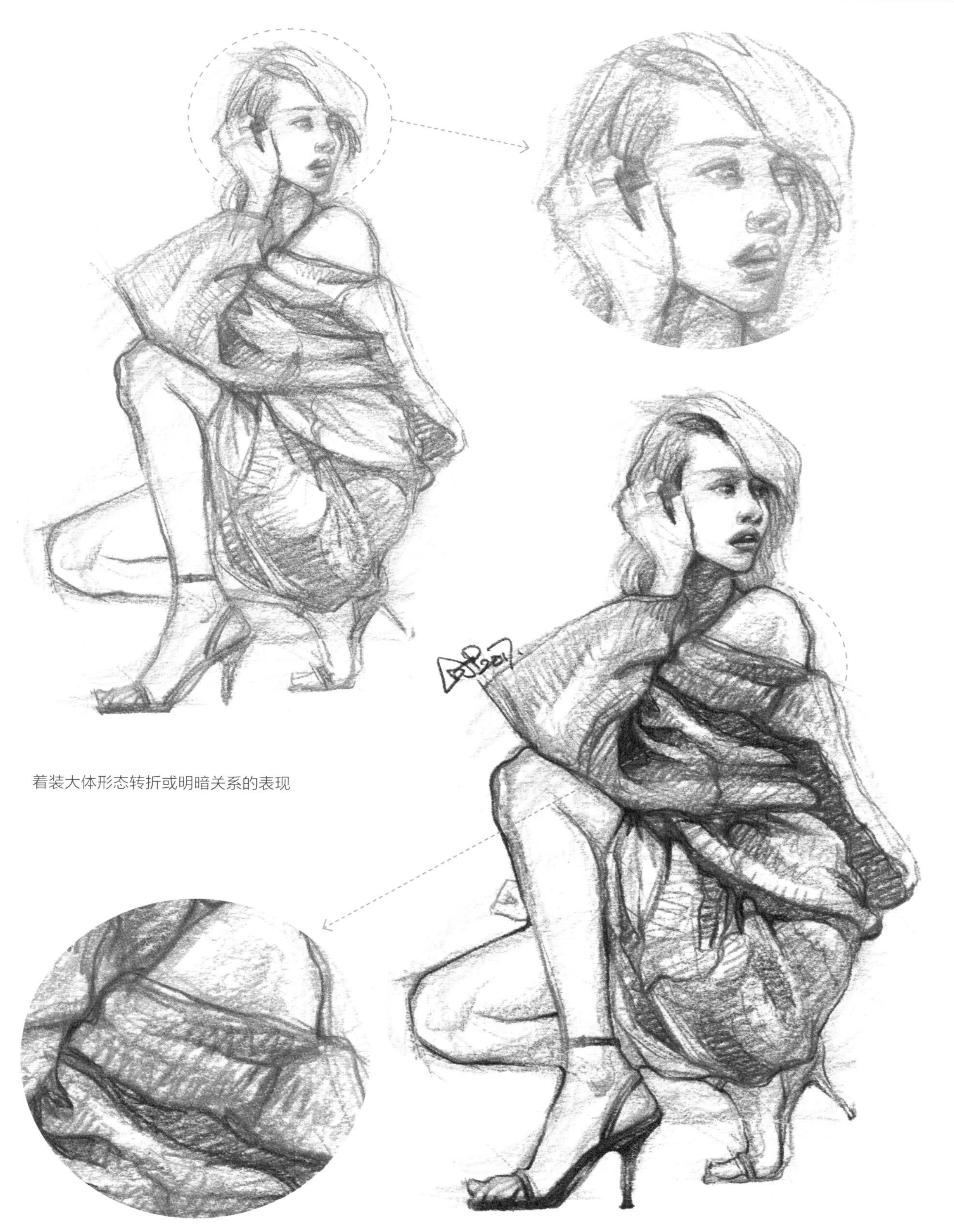

着装大体形态转折或明暗关系的表现

适当地刻画细节或强调某些关键点

人体动态和铺明暗大调子效果

初略铺色体现色彩调子效果

速写深入的程度，要根据自己的练习需要而定。缺乏整体概念的，要多练前面的步骤；没有深入习惯的，要多坚持后面的步骤。

速写是由整体大形到局部比例、由大感觉到小细节的推进。

以色块为主的速写

人体的色彩速写

动态及色彩的草图分析

色彩、色块的快速练习

色块的快速涂画

7.2.7 其他速写

除了人物速写练习外，还应该画一些与人有关系的物件，如动物和环境等。在与周围环境的对比中，我们反而更加容易感受到人的特质，将人物画得更加合理、完善。

仅仅抓住形态效果的小场景速写

与动物相处的有感抓绘练习

人与物景的速写

FASHION SKETCH

08

图片速写示范与常见问题总结

下面选择了几张不同的人物着装图片进行分步示范，分析速写的效果。初学者可对照着示范尝试练习，将书中所讲的时装画速写的原理和方法再加以应用。另外，本章还对时装画速写经常会遇到的一些问题进行了解答，便于大家更好地学习。

8.1 图片速写示范

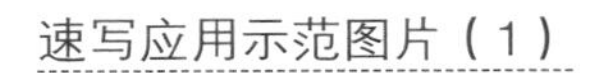

速写应用示范图片（1）

小透视，动态幅度较大。

STEP01 绘制大体动态线，注意重心和大致比例关系。

STEP02 画出基本的廓形和细节暗示。

STEP03 对结构进行分析（注：此步骤可轻轻注明或只在心里做进一步描绘的参照）。

STEP04 加入基本细节或大体明暗关系，做适当的调整（注：本例动态稍作夸张）。

速写应用示范图片（2）

2017年广州国际动漫节Coser的造型，为3/4透视和侧身透视动态。

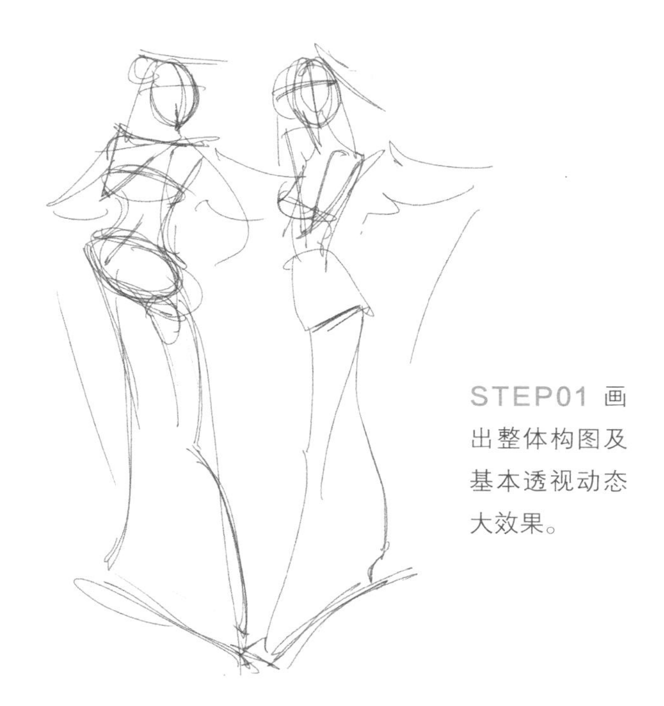

STEP01 画出整体构图及基本透视动态大效果。

STEP02 画出比例结构大效果（此步骤在熟练的情况下可以用更简单的线概括画出）。

STEP03 画出着装廓形比例大效果（此步骤亦可以作为第2步骤处理）。

STEP04 稍做深入刻画（由于有图片参考，速写的刻画时间相对充裕些）。

速写应用示范图片（3）

将E. Tautz 2015 Fall/Winter Collection发布的图片作为示范素材。

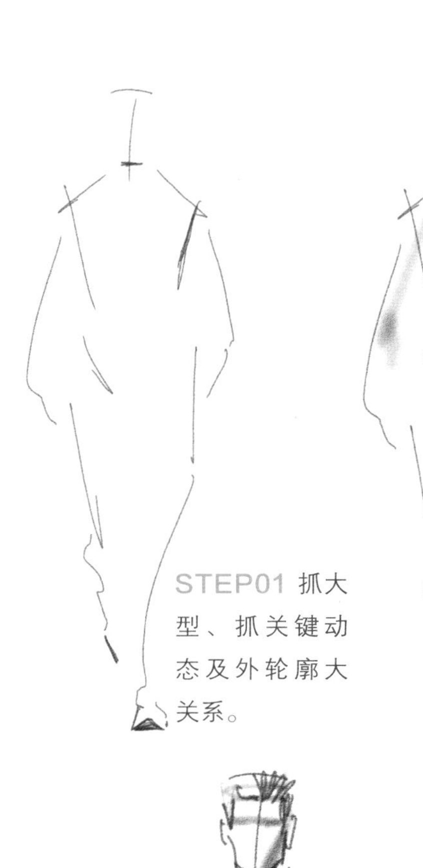

STEP01 抓大型、抓关键动态及外轮廓大关系。

STEP02 铺明暗大效果（及时留意或制造光源效果）。

STEP05 做深入刻画，并整理强调，完成速写效果。

STEP03 刻画内轮廓中关键细节部位的比例关系。

STEP04 将主要的结构、动态、形态、关键细节交代清楚。

速写应用示范图片（4）

斜胯、交叉双腿、肘部提包的动态。

STEP01 先标注重心线，然后把动态趋势辅助线淡淡画出，再迅速观察并画出外形。

STEP02 定出各部分的比例，注意局部的形状。

STEP03 画出细节，并做出主次渲染（重心线和原图有出入，需总结下次注意的要点）。

速写应用示范图片（5）

几乎为全侧身，着宽大服装的透视动态。

STEP01 画出重心线和动态趋势。

STEP04 概括性地刻画描绘。

STEP02 画出整体轮廓感觉。

STEP03 画出各部位的基本比例及细节。

速写应用示范图片（6）

色彩鲜艳、造型华丽的礼服造型。

STEP01 绘制中心线，把握动态趋势。

STEP02 将基本的外观轮廓淡淡画出。

STEP03 将对象的比例和细节基本勾画出来，这步也可以作为单色速写的练习。

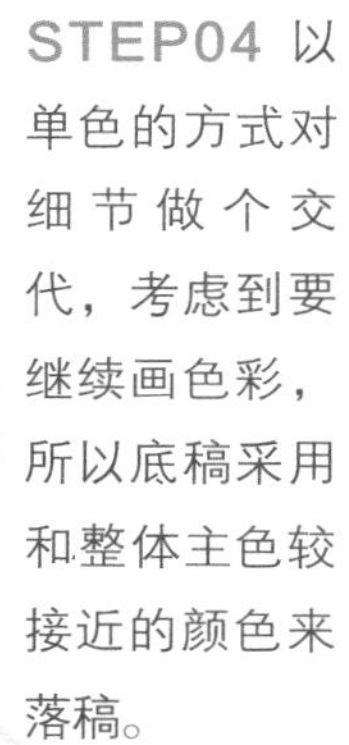

STEP04 以单色的方式对细节做个交代，考虑到要继续画色彩，所以底稿采用和整体主色较接近的颜色来落稿。

STEP05 铺上大的色彩关系。花色、图案都是概括性地表现，简单平涂一遍颜色（稍作留白）即可。

STEP06 稍加调整，刻画完成。

8.2 时装画速写常见问题总结

初学者常常会有很多的疑惑，下面列出的是一些较为常见的和速写有关的问题，以此作为学习的借鉴。

◎ 问：速写中的形态线总是抓不准怎么办?

答：形态线应该说的是外形线，即轮廓线的意思。如果最初抓不准，也不用太担心！因为速写首先需要的不是准，而是大概、接近就可以，想想速写的要求是简化概括，这些要求就已经改变了原有对象的真实外形。所以，观察后只要画得“像”就好，速写并没有要求上升到“准”的高度。另外，在抓形的时候，如果对象比较繁复，就别老盯着它看，可以换换方式，看它轮廓外的空间，把这个空间当成整体来看。当你把这个外空间的轮廓画出来或是看出来，就相当于把对象的外形抓准、看好了。

还有，随着速写练习的不断增加和提升，相信这个抓不准的问题就会自然而然地解决和消失掉，“准”也就会随之而来。

◎ 问：速写中对身材的比例有要求吗?

答：有要求，但并不是准确的比例要求。速写不仅有简化和概括，也有主观强调和夸张。既然如此，那么原有的比例就会被速写后的比例改变，但这个改变的比例并不是没有要求的。只是这个要求更加强化了画者的主观感受，符合的是画者心中美的或者是有特色的定义。当然，在还不能够自行设计变化的时候，参考和遵循常规比例是没有错的。

◎ 问：速写中服装只画轮廓形可以吗?

答：廓形严格地说是外形或轮廓线的意思。速写并没有规定画什么或者不画什么，速写作为一个训练方法或是收集、记录、整理、设计概念的一个工具，完全是很个人的行为。所以，如果不画廓形里面的东西是你的想法，如果这样能达到你的效果和目的，那么可以只画廓形。

◎ 问：速写是以线条为主的吗?

答：当然不是，用纯粹的块面来进行也是可以的。总之速写是非常自由的，无论是用什么工具、以什么样的形式都是可以的。

◎ 问：学速写有什么益处?

答：学速写可以提高观察能力，在学习了速写的原理和技法后，将会提高手绘的能力，最后达到“心手合一”的目的，这对于画好绘画的作用不小。而学习时装画速写肯定会对画好时装画或是效果图有帮助，这点是毋庸置疑的。

◎ 问：零基础适合学时装画速写吗?

答：要先掌握一些美术基础。至少应该先明白线条、色彩、明暗、外形、细节等一些简单的绘画术语，这样便于理解和明白速写上的一些绘画训练要求，毕竟时装画也是绘画的一种艺术形式。

◎ 问：学速写要懂素描吗？

答： 不一定！不过，有素描基础能够更快、更好地上手。比如，有时候线条的粗细会和光影有关系，手握笔是否灵活会和素描训练的熟练度有关……但是没经过素描训练，不见得就画不好速写。反过来，速写画得好是不是可以提高素描能力呢？一般说来，素描是绘画基础，速写是这个基础里的一个应用罢了，是可以相辅相成的。

◎ 问：看图片练习速写的时候，如何避免抠细节？

答： 用图片参考练习速写，自然不再担心对象会走开而来不及画，虽说方便了，但新的问题也出现了，就是更容易被细节吸引而“画不快”。建议在进行速写练习时，刻意让眼睛对对象的整体进行观察，控制自己不要盯着一个细节画。有机会还是要多画现实中的移动对象，这样你会发现就算想看细节也没有机会了，就会逼着你先抓住大的整体和大的关系。

◎ 问：常常会觉得手不听使唤，不能随心所欲地画自己想要的感觉，该怎么办？

答： 对于这个问题，大家可以采用下面讲到的小方法。

先练习画直线。

①画四个点。

②将它们连接起来。

③不借助任何工具连接对角。

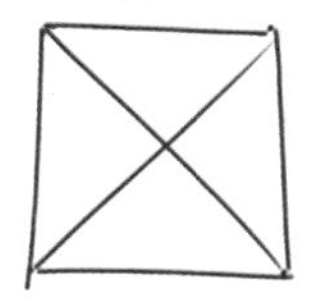

④找到四条边的中点，再把各个点连接起来。

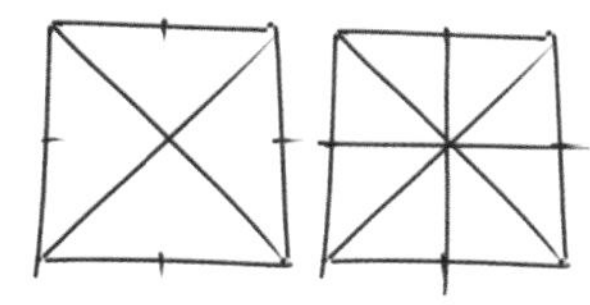

⑤根据这个思路，自己还可以创造出更多的练习方法。

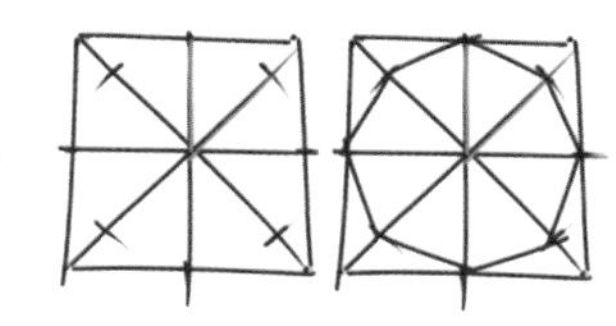

这样的练习既可以锻炼把线画直，还可以锻炼对线条的方向和长度的控制。练习的时候，尽量一笔到位，强化“手、眼、心”的配合。

直线练好了，再练习曲线和弧线就容易多了！

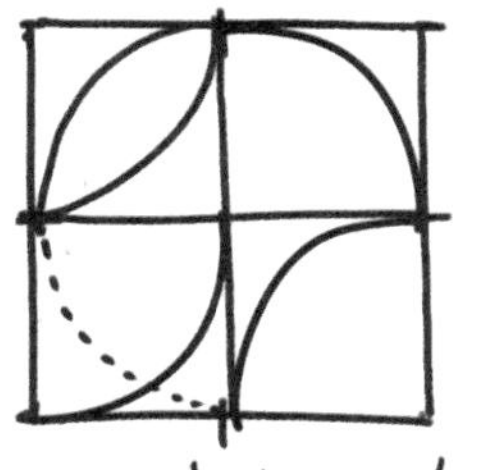

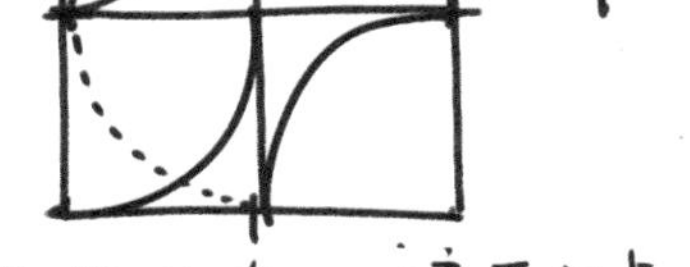

① 方格内在对角画弧线的练习，注意要定点。

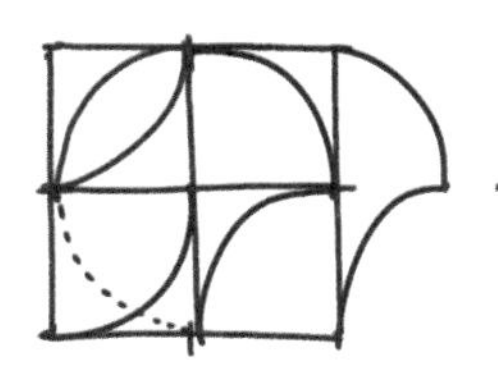

② 用不同的定点练习弧线。

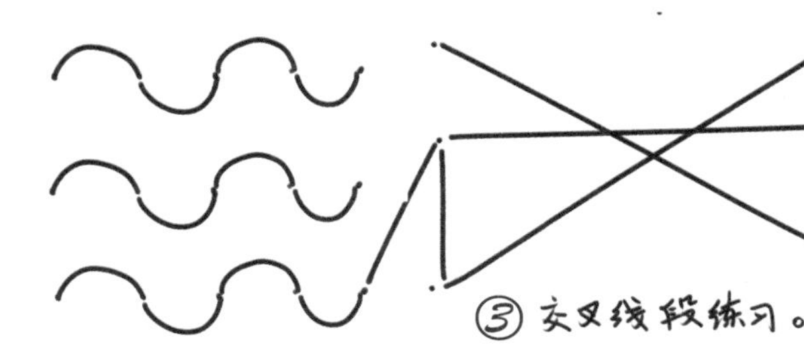

③ 交叉线段练习。

09

FASHION SKETCH

时装画速写赏析

以下为笔者平时的一些速写习作。描绘的时候，既有针对性，也有随意性；既有图片写生，也有默画。当然，练习的时候，多数是不太注重对象的真实效果，而是掺杂了一些个人的想法。在此展示出来，大家可以互相学习借鉴、分享交流经验。

肩膀和下摆的节奏变化

色块速画轻松表达

对称、简洁的装饰效果

只铺几个色块

线条的层次感

简单耐看的节奏

行走的动感

坐在地上

整体效果

线条练习

大略表现　　玲珑的背影

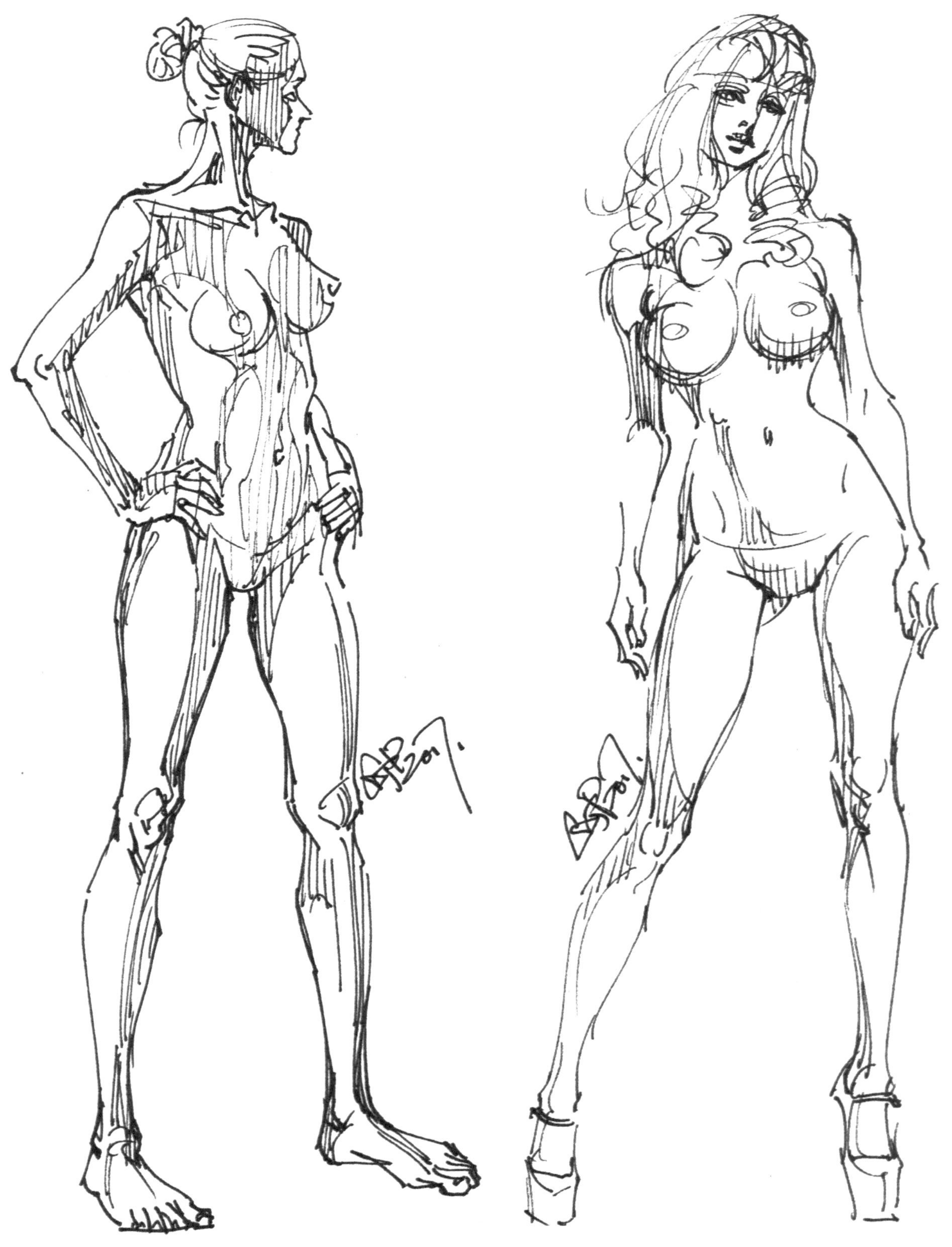

针管笔速写人体（3/4侧面）

针管笔速写人体（正面）

马克笔速写

“静雯”在走秀

墨韵创意速写

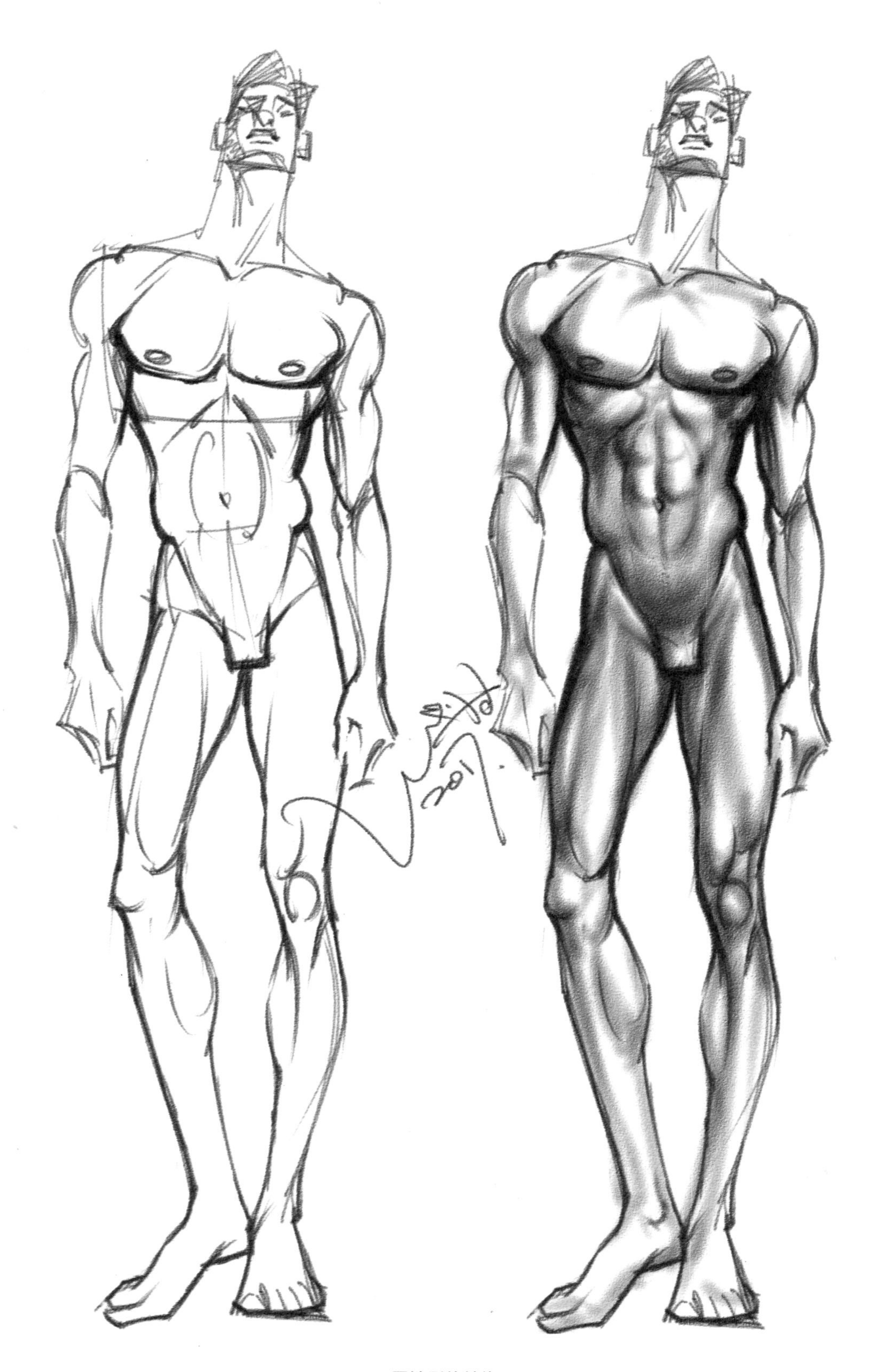

男性形体结构

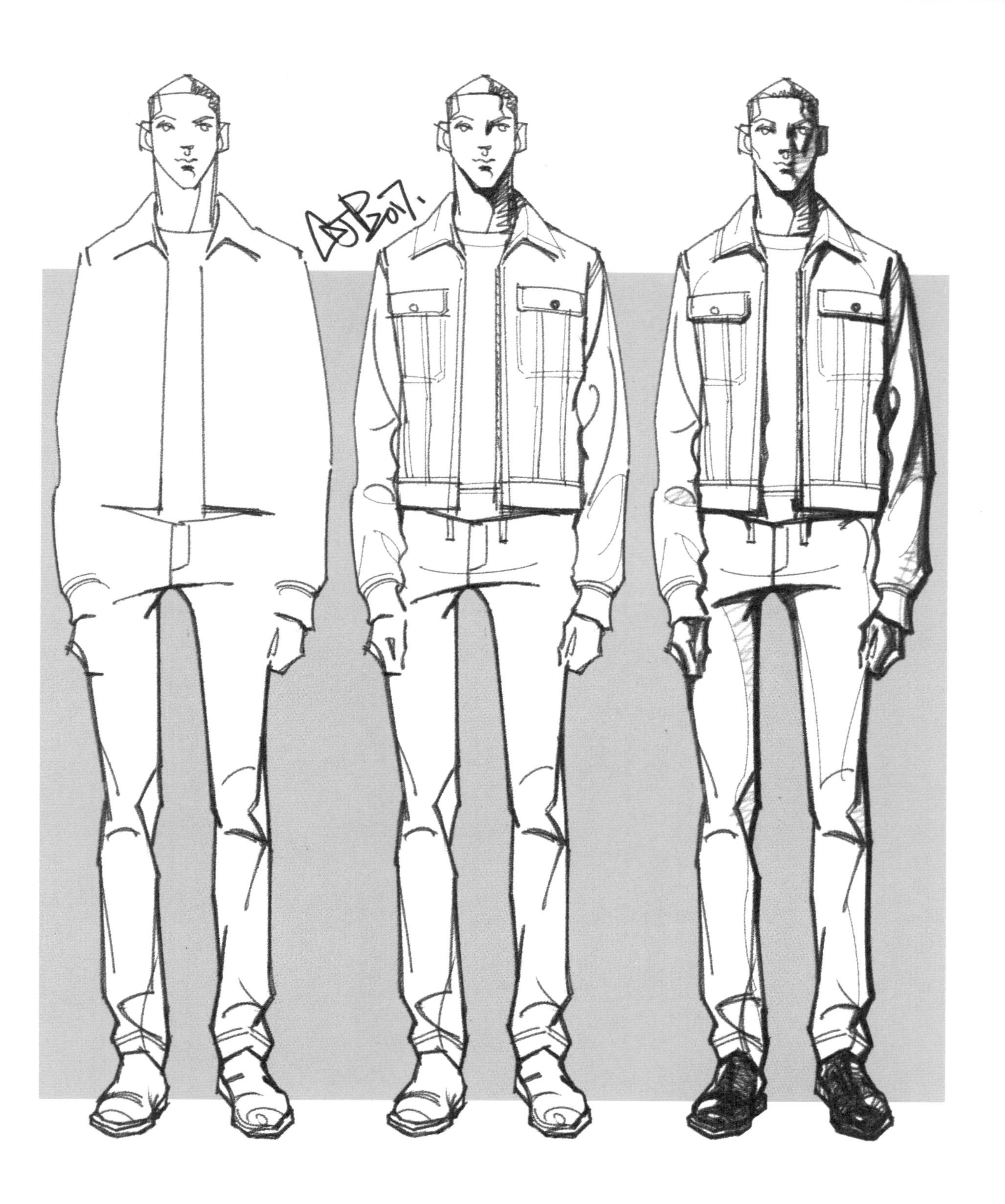

速画的观察及描绘过程

皮夹短裙少女

“维维安”时装的速写效果演绎

灰色调的快速表现

气氛衬托出画面的活跃效果

三个小女孩

BALMAIN

头像的线描及调子速写

形象的速写草稿

刻意的形象速写

仰头角度速写

想象画练习(一)

想象画练习(二)

蕾丝着装速写

线描速写

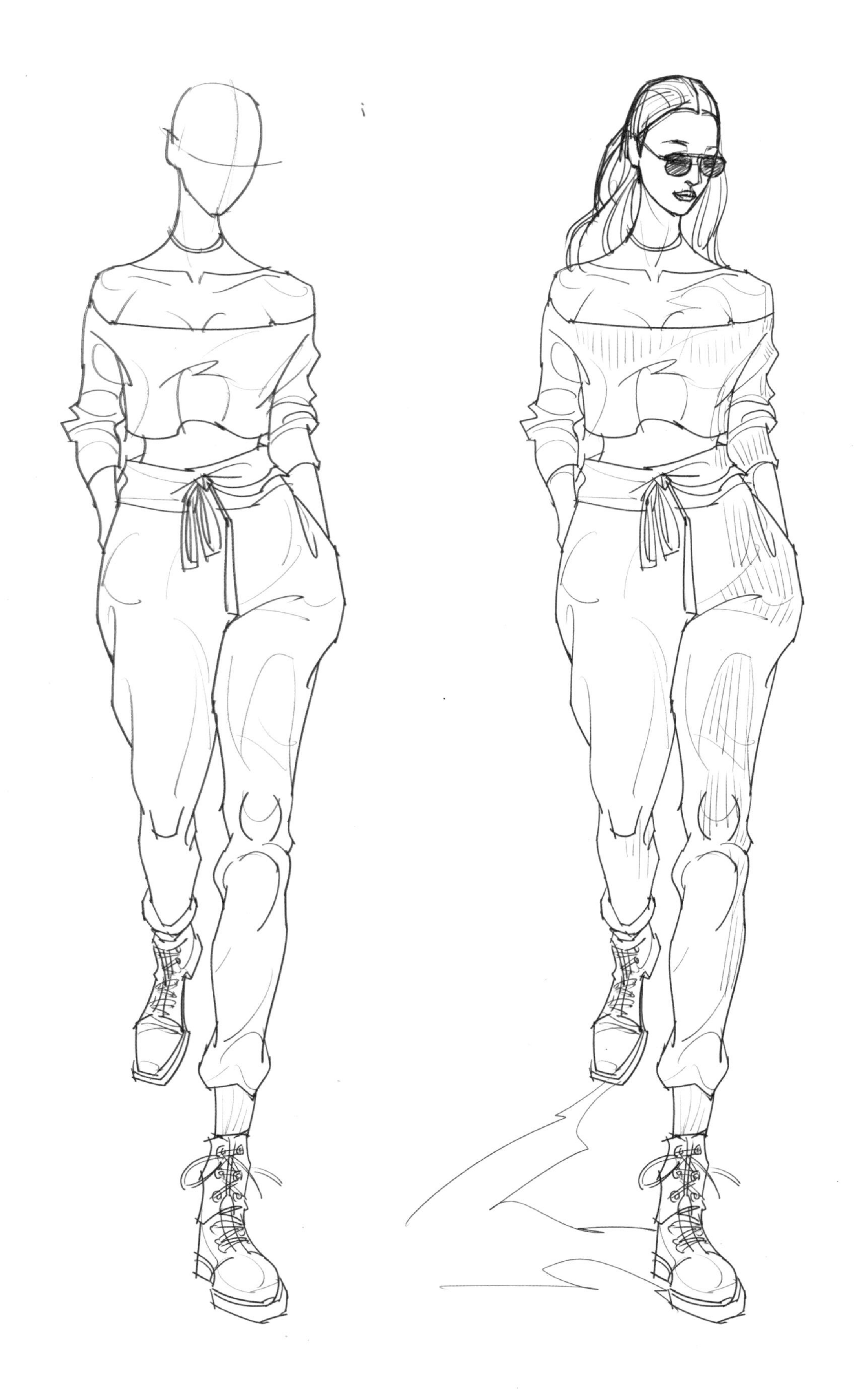